11. März 2024

Liebe Eva,

vielen Dank, dass du bei meiner Buchvorstellung an meiner Seite warst. Jetzt wünsche ich dir viel Freude beim Lesen!

Deine Sabine

SABINE HESS

DIE KUNST DES BITTENS

WIE DU UNTERSTÜTZUNG FÜR DEIN HERZENSPROJEKT FINDEST

MURMANN

Dieses Buch widme ich meinen Eltern,
Christel und Hans-Christoph Fischer.
Ihr habt mir alles mitgegeben, was ich für
ein selbstbestimmtes Leben brauche.
Ich danke euch von ganzem Herzen.

BEVOR ES LOSGEHT

Andere um Unterstützung zu bitten, ist eine Kunst. Und wie bei jeder Art von Kunst braucht es auch hier Übung und die richtige Technik. Mein Learning in dieser Kunst des Bittens begann für mich in Siegen. Meinem nicht ganz freiwillig gewählten Studienort – die damalige Zentrale Vergabestelle für Studienplätze hatte mich, wenn man so will, dorthin verbannt. Unter den Studierenden kursierte zu dieser Zeit der wenig schmeichelhafte Spruch: »Was ist schlimmer als verlieren?« – Die Antwort erübrigt sich. Aus Hamburg kommend, hatte tatsächlich auch ich mir eher einen Studienort wie Kiel, Münster oder Köln gewünscht, also eine Universität, die durch einen guten Ruf glänzte. Damals ahnte ich nicht, wie gut es mir an der vergleichsweise kleinen Universität Siegen gefallen sollte.

Ein wesentlicher Vorteil war, dass sich auf dem Campus schnell neue Kontakte und Freundschaften aufbauen ließen, die manchmal auch – und das traf auf mich zu – zu gemeinsamen Projekten führten. Zu viert, drei Studienkollegen und ich, machten wir uns daran, im Rahmen der größten fächerübergreifenden Studierendeninitiative Deutschlands auch in Siegen eine Gruppe zu etablieren. Market Team, so der Name des Netzwerks, ist gegründet worden, um den Austausch von Studierenden mit Unternehmen zu befördern. Noch heute werden dazu Workshops, Vorträge und Diskussionsveranstaltungen organisiert, die erste Kontaktmöglichkeiten bieten. Zu unseren Veranstaltungen hatten wir Unternehmen wie Coca-Cola und die Otto Group eingeladen, auch die Werbeagentur BMZ (Baus, Mang, Zimmermann), bekannt für ihren geradezu triumphalen Toyota-Slogan »Nichts ist unmöglich«. Die Gäste sollten Vorträge zum Beispiel über erfolgreiche Kampagnen halten und Workshops in kleinen Gruppen oder Gespräche zu speziellen Themen anbieten. Zu unseren Aufgaben als Veranstalter gehörte es, die diversen Angebote zu moderieren, vorab nach geeigneten Räumlichkeiten zu suchen, die erforderliche Technik zu installieren – und natürlich kräftig die Werbetrommel zu rühren, um möglichst viele Teilnehmende zu gewinnen. Dieses Konzept, Netzwerkveranstaltungen für die Wirtschaft und interessierte Studierende anzubieten, hat sich bis heute nicht geändert. So können Unternehmen Hochschulmarketing betreiben und Kontakte zu potenziellen Nachwuchskräften herstellen. Die Kosten für die teilweise aufwendigen Veranstaltungen werden in der Regel durch Unternehmensspenden gedeckt.

Auch wir mussten damals also Gelder für unser Vorhaben einwerben, sprich die eingeladenen Unternehmen um Unterstützung bitten. Ich erinnere mich an das Vorabgespräch mit Mitgliedern der Personalabteilung von Coca-Cola, die eigens aus Essen angereist waren. Wir hatten es bis dahin schon mal geschafft, das Interesse des Unternehmens zu wecken, durften den angereisten Gästen die vorgesehenen Räumlichkeiten zeigen und schon viele Details vorab besprechen. Offen war am Ende dann nur noch die Frage der Finanzierung. Als unsere Gäste sich schon bereit machten zum Aufbruch und wir von unserer Seite noch nichts zu diesem heiklen Thema hatten verlauten lassen, atmete ich nach einem kurzen Blickkontakt zu meinen Mitstreitern einmal tief durch und sagte mir innerlich: Jetzt oder nie! Freundlich erklärte ich unseren Gästen, wie sehr wir uns auf die Veranstaltung freuen würden, uns nur die nicht unerheblichen Kosten noch gewisse Probleme bereiten würden. Was anfiel, waren Kosten für die Raummiete, die Erstellung von Flyern und Plakaten und das Anmieten von Technik. Das ließe sich, so fuhr ich fort, nur mithilfe von Spenden finanzieren, für die wir üblicherweise die eingeladenen Unternehmen ansprechen würden. Nachdem ich dann noch die konkret an die Vertreter von Coca-Cola gerichtete Bitte ausgesprochen hatte, hielt ich kurz die Luft an. Kennt ihr dieses Gefühl, wenn wir uns aus der Komfortzone wagen, um eine Bitte an jemanden zu richten? Tausend Fragen schossen mir durch den Kopf: Springen sie jetzt ab?, War das zu forsch?, Vielleicht hätte ich später besser eine E-Mail dazu schreiben sollen? Zum Glück kam dann aber schnell Antwort. Das Team von Coca-Cola reagierte mit großem Verständnis und sagte uns sofort eine großzügig bemessene Spende zu. Ihr könnt euch sicher vorstellen, wie groß die Erleichterung auf unserer Seite war. Überglücklich gingen wir aus dem Gespräch heraus.

Damit begann meine Geschichte als Studentin der Kunst des Bittens. Außer meine Eltern hatte ich bis zu dem Zeitpunkt andere nicht wirklich um Unterstützung bitten müssen. Dass es einmal mein Job werden könnte, andere Menschen regelmäßig um Hilfe zu bitten, war damals nicht vorherzusehen.

Auch wenn ich es in meinen jungen Jahren so noch nicht genannt habe, wusste ich schon damals, dass ich einmal einer Aufgabe mit Purpose nachgehen wollte. Ich wusste, dass ich, wenn ich es mir irgendwie leisten könnte, Menschen helfen wollte, die Unterstützung benötigen. Bis es aber so weit sein sollte, wollte ich mir mit meinem Mann die finanzielle Grundlage für eine Familie schaffen. Ich fand meine Erfüllung in den ersten Jahren in der Wirtschaft. Bei der Otto Group habe ich eine Ausbildung gemacht, danach Betriebswirtschaft mit dem Schwerpunkt Marketing und Organisation studiert. Mein erster Job nach dem Studium sollte mich nach Mailand zu einem mittelständischen Bekleidungshersteller führen, wo ich nach einer Einführungsphase den Vertrieb einer Kinderunterwäschekollektion mit Disney-Motiven übernahm.

Nach zwei Jahren führte mich mein Weg dann zur Walt Disney Company Germany. Als »Licensing Manager Apparel and Fashion Accessories« verkaufte ich Lizenzen an Hersteller aus der Bekleidungsbranche in Deutschland, Österreich und der Schweiz. Ich stellte auf Veranstaltungen Disney-Themen vor, verhandelte Lizenzverträge und Sortimentsumfänge, begleitete kreative Prozesse und unterstützte unsere Lizenznehmer und Lizenznehmerinnen bei ihrem Vertrieb. Diese Aufgabe hat mir große Freude bereitet. Nicht nur durfte ich in die Filme meiner Kindheit eintauchen, vor allem habe ich gelernt, mit Menschen auf Augenhöhe zu kommunizieren, strategisch zu arbeiten, meine Zahlen im Griff zu haben und begeisternd zu verkaufen. Bereits in jungen Jahren mit dem C-Level bekannter Unternehmen zu kommunizieren, hat mich entscheidend geprägt. Nach der Geburt meiner ersten Tochter bot mein Chef mir an, meinen Job part-time zu machen, zumal mein Mann und ich inzwischen nach Hamburg gezogen waren und Disney ein Büro in München hatte. Damals kannte man den Begriff »Homeoffice« noch nicht. Ich hatte von meinem Arbeitgeber einen »Telearbeitsvertrag« angeboten bekommen – in gewisser Weise also ein Vorreiter dessen, was zur heutigen Remote Work zählt. Ich verbrachte jeden Monat für meine Arbeit eine Woche in München und arbeitete ansonsten von zu Hause. Erst als ich meinen Sohn und später meine jüngste Tochter bekam, wurde die Pendelei schwieriger, ich verabschiedete mich von Disney und arbeitete in der Umgebung.

Als meine drei Kinder aus dem Gröbsten raus waren, wagte ich einen Neubeginn und machte mich als Beraterin selbstständig. Der Zufall wollte es, dass ich auch ziemlich schnell eine Aufgabe fand, die genau meinem frühen Wunsch nach einer Beschäftigung mit Purpose entsprach. Eine Freundin erzählte mir von einer Stiftung, die jemanden suchte für den Bereich Marketing und Fundraising. So wurde die Stiftung Kultur Palast mit Sitz in Hamburg meine erste Kundin als Freelancerin. Ihr Stiftungszweck ist, Kindern und Jugendlichen einen Zugang zu Kultur und Bildung zu ermöglichen und so Bildungschancen zu öffnen, unabhängig von der individuellen Herkunft und kulkturelle Teilhabe für alle zu ermöglichen. Die Finanzierung der Stiftungsarbeit basiert zu einem großen Teil auf eigenen Einnahmen und Spenden. Was genau Fundraising ist und an Voraussetzungen erfordert und welche Besonderheiten eine Stiftungsarbeit ausmachen, war mir damals nicht wirklich klar. Also musste ich zunächst einmal gründlich recherchieren.

Generell beschreibt Fundraising den Prozess der Kapitalbeschaffung sowohl für den Bereich der Start-ups wie für Non-Profit-Organisationen. Der grundlegende Unterschied zwischen den Unternehmensformen ist, dass Start-ups betriebswirtschaftlich ausgerichtet und gewinnorientiert sind und zur Finanzierung ihrer Geschäftsidee entweder Kredite aufnehmen oder aber Kapital von Investoren und Investorinnen erhalten. Diese wiederum erwarten eine Rendite auf ihr investiertes Kapital, erhalten also eine Gegenleistung für ihre finanzielle Unterstützung. Non-Profit-Organisationen dagegen sind, wie ihr Name schon sagt, in ihrem Kerngeschäft nicht auf Gewinne, sondern auf Gemeinnützigkeit ausgerichtet. Sie setzen sich für gesellschaftliche oder soziale Ziele ein. Ihre hierfür aufgestellten Projekte werden zu einem erheblichen Teil durch Spenden finanziert und eventuell erzielte Überschüsse in die weitere Projektarbeit investiert. Ihre Spender und Spenderinnen können für ihre Unterstützung also keine Gegenleistung erwarten – und tun es auch nicht, weil es ihnen darum geht, mit ihrem Geld einen positiven Beitrag für die Gesellschaft zu leisten. Das Einzige, was sie zurückbekommen, ist ein gutes Gefühl.

> Fundraising im
> Non-Profit-Bereich ist Marketing
> für einen guten Zweck.

Ob also Unterstützende eine Gegenleistung erhalten oder nicht, ist ein großer Unterschied in der Zusammenarbeit. Während in der Wirtschaft bei jedem Verkauf das Preis-Leistungs-Verhältnis eines Produktes oder einer Dienstleistung eine Rolle spielt, verkaufen Non-Profit-Organisationen Angebote, ohne dass die Zahlenden deren Nutznießer sind. Den Nutzen hat eine dritte Gruppe, nämlich die Zielgruppe, für die Angebote gemacht werden, die sie sich aus eigenen Mitteln nicht leisten können. Hieraus ergibt sich eine »Dreiecksbeziehung«, auf die ich im ersten Teil des Buches genauer eingehen werde.

> »Fundraising is the gentle art of
> teaching the joy of giving.«
>
> Henry A. Rosso

Man könnte Fundraising in einer Welt, in der es um Spenden geht, als die sanfte Kunst, andere die Freude des Gebens zu lehren, bezeichnen. Das heißt, hier geht es darum, potenzielle Geldgeber und Geldgeberinnen für ein Vorhaben zu begeistern und Menschen zu gewinnen, die sich für ein gemeinsam getragenes Anliegen einsetzen und daran mitarbeiten. Spendende tun dies freiwillig, ohne eine Gegenleistung zu erwarten und dennoch einen positiven Nutzen daraus ziehen, nämlich die Freude, etwas Gutes und Sinnvolles getan zu haben.

Um das zu erreichen, bedient sich das Fundraising aller gängigen Marketinginstrumente. In Mailings wird zum Spenden eingeladen, es werden Spendenflyer entworfen und schriftliche Förderanträge gestellt, es wird an Ausschreibungen teilgenommen und Benefizveranstaltungen werden durchgeführt. Neben solchen an eine Allgemeinheit gerichteten Maßnahmen kommt der individuellen, persönlichen Ansprache eine besondere Bedeutung zu. Gerade für die Vergrößerung des Netzwerks und einen langfristigen Beziehungsaufbau ist das persönliche Gespräch von essenziellem Wert. In diesem Fall werden Kontakte telefonisch, per Video-Call oder face to face angesprochen und um Hilfe gebeten.

Ich war mit meiner selbstständigen Tätigkeit also in einer Branche gelandet, in der wir andere regelmäßig um Unterstützung bitten. Für meine Projekte, die ich begleite, empfinde ich eine große Begeisterung und habe in dieser Arbeit meinen Purpose gefunden. In Bezug auf »Die Kunst des Bittens« stufe ich mich daher selbst als lebenslange Studentin ein. Insgesamt blicke ich inzwischen auf fast 30 Jahre Erfahrung im Marketing und Vertrieb und auf über 13 Jahre Erfahrung in der Non-Profit-Branche zurück. Neben der Stiftung Kultur Palast begleite ich andere Stiftungen, Vereine, Projekte und Visionäre dabei, ihr Netzwerk aufzubauen und um Unterstützung für ihre jeweiligen Vorhaben zu bitten.

Dabei stoße ich mit meinen Kunden und Kundinnen immer wieder auf dieselbe Herausforderung: Jedes Projekt kann noch so leidenschaftlich initiiert und jede Vision kann inhaltlich noch so ausgefeilt sein – wenn wir nicht in der Lage sind, die Idee zum richtigen Zeitpunkt bei den richtigen Personen zu platzieren und um Unterstützung zu bitten, werden wir bei der Umsetzung an Grenzen kommen. Professionell und mutig um Unterstützung zu bitten, ist eine der schwierigsten Aufgaben überhaupt.

Wenn wir die
meistern, können
Wirklichkeit

»Kunst des Bittens« große Visionen werden.

FÜR WEN DIESES BUCH GEEIGNET IST

»Wen soll ich um Hilfe bitten?«, fragte mich einer meiner Projektpartner. »Ich habe keinerlei Netzwerk, das ich um Unterstützung bitten kann.« Eine Projektpartnerin bat mich mehr oder weniger offen, für sie jemanden um Hilfe zu bitten: »Ich kann doch nicht einfach die Unternehmerin XY ansprechen – überhaupt bin ich auch eher der introvertierte Typ.« Noch ein anderer meinte: »Immer, wenn wir zum Ende eines Gespräches kommen, weiß ich nicht, wie ich meine Bitte am besten vorbringen kann.« Als ich die Initiatorin einer kleinen gemeinnützigen Stiftung fragte, ob sie auf der eigenen Website zeigt, dass sie Unterstützung benötigt, verneinte sie. Darüber hatte sie noch gar nicht nachgedacht. In einem Gespräch mit einem jungen Gründer offenbarte dieser, dass er die Notwendigkeit, um Hilfe zu bitten, als Ausdruck persönlicher Schwäche betrachtet. »Wie soll ich denn andere um einen Rat fragen, ohne dass ich als schwach angesehen werde?« Und ein anderer Kunde klagte: »Ich habe immer das Gefühl, dass ich alles alleine schaffen muss.« Schließlich sagte mir eine junge Frau, dass es ihr unangenehm sei, ihren Mentor wieder und wieder mit einer Frage zu belästigen: »Meinst du, es ist okay, dass ich ihn noch mal kontaktiere, obwohl er mir schon einmal seine Hilfe angeboten hat?«

Meine Tätigkeit hat mir unzählige Male gezeigt, wie schwer es vielen fällt, andere um Hilfe zu bitten. Bei einigen geht es so weit, dass sie kaum nach dem Weg oder der Uhrzeit fragen möchten. Eine Bitte hervorzubringen, bringt Menschen aus der Komfortzone. Wir fühlen uns als Bittende, die es nicht schaffen, ihre Aufgaben aus eigener Kraft zu lösen. Die meisten haben den Anspruch, ihre Vorhaben ohne fremde Hilfe umzusetzen.

GEDANKEN, DIE UNS IN DEN KOPF SCHIESSEN, WENN WIR ANDERE UM UNTERSTÜTZUNG BITTEN

Vermeintlich stichhaltige Gründe, die es verbieten, andere um Hilfe zu bitten, sind dabei schnell und zahlreich zur Hand. Mir sind sie alle schon in den Kopf gekommen. Hier eine kleine Auswahl aus dem ABC der Gründe, die gegen eine Bitte sprechen:

- △ **Abhängigkeit: Eine Bitte macht mich abhängig von anderen, weil sie zeigt, dass ich eine Aufgabe nicht alleine lösen kann.**
- △ **Belästigung: Auf gar keinen Fall möchte ich mit einer Bitte jemanden belästigen.**
- △ **Blamage: Mein Herzensthema ist sehr persönlich. Ich müsste mich für eine Bitte so weit öffnen, dass es mir peinlich ist.**
- △ **Kommunikation: Die Bitte ist so diffizil, dass ich sie einfach nicht klar und präzise formulieren kann.**
- △ **Kultur: Die Art zu bitten ist so sehr kulturell geprägt, dass ich mich auf Gesprächspartner meines »Kulturkreises« beschränken muss.**
- △ **Netzwerke: Ich habe zu wenig soziale Kontakte, insofern fehlen mir die richtigen Ansprechpartner und -partnerinnen für eine Suche nach Unterstützung.**
- △ **Persönlichkeitstyp: Als introvertierter Typ öffne ich mich nicht so gerne anderen gegenüber und löse Probleme lieber eigenständig, bevor ich andere um Hilfe bitte.**
- △ **Schamgefühl: Ich schäme mich dafür, dass ich alleine nicht weiterkomme.**
- △ **Selbstwertgefühl: Eine Bitte lässt in mir das Gefühl von Schwäche aufkommen, mein Selbstwert fordert klar, selbstständig zu agieren und Stärke zu zeigen.**
- △ **Zeitknappheit: Den vollen Terminkalender meines Gesprächspartners möchte ich nicht noch mehr strapazieren.**
- △ **Zurückweisung: Ich habe Angst, dass meine Bitte abgelehnt wird, also trage ich sie besser niemandem vor.**

Ich habe Kunden und Kundinnen mit ausgezeichneter fachlicher Ausbildung und professioneller Kompetenz. Doch auch die meisten von ihnen empfinden es als eine Herausforderung, andere für das eigene Anliegen um Hilfe zu bitten. Zumal dann, wenn Angesprochene eine höhere Position bekleiden oder besonders großen Einfluss haben, fällt das souveräne Auftreten verbunden mit einer Bitte plötzlich schwer. Auch in Unternehmen gibt es nicht wenige Mitarbeitende, die es geradezu krampfhaft vermeiden, Vorgesetzte und wichtige Kunden um etwas zu bitten, indem sie ihnen penibel aus dem Weg gehen, bis ein Gespräch sich nicht mehr umgehen lässt. Sogar unter Führungskräften kommt es vor, dass sie es bei sehr selbstbewussten Kollegen oder Kolleginnen kaum wagen, ein Anliegen vorzutragen. Als besonders herausfordernd empfinden es die meisten, wenn sie an andere eine Bitte richten sollen, bei der es um eine finanzielle Unterstützung geht.

Wir können überdurchschnittlich ausgebildet sein, besonders schnell denken und großartige Ideen haben, aber wenn wir nicht in der Lage sind, unser Netzwerk auszubauen und unsere Idee zum richtigen Zeitpunkt zu pitchen, werden wir unser maximales Potenzial nie ausschöpfen. Die Kunst des Bittens ist eine der wichtigsten Soft Skills für den Erfolg großartiger Projekte und wird doch von so vielen als nahezu unbezwingbare Herausforderung gesehen.

> »Oftmals sind die Berührungsängste viel größer als erwartet. Ich möchte die Menschen ermutigen, den persönlichen Kontakt zu suchen.«
>
> Alexander Otto

Mitarbeitende von Non-Profit-Organisationen müssen regelmäßig um Unterstützung für ihre Arbeit bitten. Ob es um finanzielle Hilfe, Pro-bono-Leistungen, Sachspenden oder einen Rat geht – jede Art von Hilfe ist für sie unendlich wertvoll, um Projekte für die Gesellschaft erfolgreich durchführen zu können. Doch auch Gründer und Gründerinnen benötigen immer wieder Inspiration und Motivation auf ihrem Weg in die Selbstständigkeit und wünschen sich Mentoren und Mentorinnen an ihrer Seite, von denen sie lernen können, wie sie die vielen Hürden bis zum Gelingen ihres Geschäftsmodells bewältigen können. Und auch Angestellte in Unternehmen suchen hin und wieder den Rat von Kollegen und Kolleginnen oder auch Vorgesetzten und müssen um etwas bitten. Fast alle von uns kommen irgendwann einmal an einen Punkt, an dem wir ohne Hilfe oder einen Rat nicht wirklich weiterkommen – ob es dabei um Alltägliches geht wie die tatkräftige Hilfe an der Treppe, um den Kinderwagen zu befördern, oder um 100 000 Euro für den Bau einer Schule in Afrika – eine Bitte muss ausgesprochen werden, um gehört und erfüllt zu werden.

HILFE BEI DER UMSETZUNG INDIVIDUELLER ZIELE

Auch zur Realisierung individueller Herzenswünsche, also der Vision Einzelner, braucht es oft die Hilfe von anderen. Nicht nur im Hinblick auf die erforderlichen Mittel, sondern vielleicht schon dafür, den Kern einer Idee herauszuarbeiten, um daraus überhaupt ein Projekt entstehen lassen zu können. Der Blick von außen und der Rat anderer kann hier wertvolle Hilfestellung geben. Denn ohne diese Unterstützung verliert ein Wunsch womöglich an Kraft und Ziele erscheinen unerreichbar. Dabei ist es unendlich wertvoll, in so einem Fall genauer hinzuschauen und zu versuchen, aus einem vagen Gefühl einen konkreten Herzenswunsch herauszukristallisieren. Es lohnt sich, keinesfalls vorschnell aufzugeben, egal, wie groß die Barrieren erscheinen mögen, Herzenswünsche in eine greifbare Form zu bringen. Alles ist möglich, wenn wir etwas wirklich wollen.

Um das, was uns wirklich wichtig ist, zu erkennen, hilft es vielleicht, in unsere Kindheit und Jugend zu schauen, auf das, was wir in jungen Jahren wirklich gerne gemacht haben. Denn Dinge, die uns in unserer Jugend eine besondere Freude waren, können uns Hinweise dafür geben, was uns heute glücklich macht. Wenn sich Menschen in mittlerem Alter die Frage stellen, was jetzt noch für sie kommen könnte, gelingt ihnen mit einem Blick auf ihre jugendlichen Vorlieben und Neigungen vielleicht ein Neustart oder zumindest die Öffnung einer neuen Perspektive. Und genau an diesem Punkt hilft es schon, sich Hilfe von außen zu holen, um die eigene Motivation zu befeuern und dem Wunsch die nötige Stärke zu geben. Ein klares Bewusstsein zu entwickeln für die Wichtigkeit, die eine bestimmte Sache für uns ganz persönlich hat, ist bereits der halbe Erfolg.

Junge Menschen heute stellen sich in der Regel viel früher die Frage, ob sie glücklich sind mit dem, was sie machen, als es in meiner Generation üblich war. Das ist eine großartige Veränderung, denn immerhin haben wir nur dieses eine Leben. Ich selbst bin glücklicherweise geprägt von einem Elternhaus, in dem ich immer motiviert wurde, das zu tun, was mir Freude bereitet. So kann ich heute sagen, dass ich bei jedem Job, den ich bisher gemacht habe, große Freude hatte. Und doch komme ich wie die meisten von uns in unterschiedlichen Lebensbereichen regelmäßig irgendwann einmal an einen Punkt, an dem es ohne Hilfe von außen nicht weiterzugehen scheint. Mal genügt ein kleiner Rat, etwas Inspiration oder schlicht ein sanfter Tritt in den Hintern. In anderen Fällen braucht es auch mal intensivere Zuwendung und tatkräftige Hilfe, um den entscheidenden nächsten Schritt aus der Sackgasse zu machen.

> Für Menschen mit Herzenswünschen oder besonderen Herausforderungen sind Rat, Motivation und Inspiration besonders wertvoll.

UNTERSTÜTZUNG BEI GESELLSCHAFTLICHEN UND SOZIALEN PROJEKTEN UND START-UPS

Im Unterschied zu individuellen Herzenswünschen, deren Unterstützung für eine Person gilt und finanziell und zeitlich gesehen meist überschaubar bleibt, geht es bei Organisationen, die ihre Arbeit in den Dienst gesellschaftlicher Aufgaben stellen, sowie bei Start-ups um eine Auswirkung auf mehrere Menschen. Es handelt sich dabei in vielen Fällen um langfristigere Hilfe: zum Beispiel bei der Beratung zu Strategie und Zielsetzungen, der tatkräftigen Unterstützung, der Finanzierung nachhaltiger Projekte oder auch der Vermittlung relevanter Kontakte.

Welche Art der Hilfe Organisationen und Start-ups konkret benötigen, unterscheidet sich von Fall zu Fall. Wie wertvoll diese ist, erweist sich oft erst dann, wenn wir sie als Bittende erfahren, wie zum Beispiel:

1. **Rat:** Wenn wir Menschen um Rat bitten und sie uns ihre Expertise anbieten, hilft uns das, meist schneller zu Ergebnissen

TATKRÄFTIGE HILFE
RAT
EINE STIMME
FINANZIELLE UNTERSTÜTZUNG

zu kommen, schwerwiegende Fehler zu vermeiden und Motivation zu erhalten. Ideen, die von außen kommen, eröffnen uns neue und zielführende Perspektiven. Diese helfen, die Hürden, die wir bis dahin vor uns sahen, zu beseitigen: durch Denkanstöße für die Weiterentwicklung von Projekten, für zusätzliche Einnahmequellen, Ausschreibungen, die nicht bekannt sind, durch Ideen für Kampagnen, die mehr öffentliche Aufmerksamkeit bringen, die Klärung rechtlicher Fragen oder den Zugang zu Menschen mit Einfluss. Es gibt Zeiten und Phasen, in denen ein Rat von außen hilft, um das große Ganze wieder zu überblicken und zu verstehen. Beim Schreiben dieses Buches habe ich mich auf ein mir unbekanntes Feld begeben, entsprechend viele Fragen stellten sich: Wie finde ich einen Verlag? Wie schreibe ich ein Exposé? Wie sichere ich meine Daten? Welchen mentalen Herausforderungen werde ich gegenüberstehen? Wie bewerbe ich mein Buch? Die Liste meiner Fragen ließe sich problemlos verlängern. Der Rat und die Motivation anderer Personen und die Zeit, die sie mir geschenkt haben, haben es möglich gemacht, dass ihr heute dieses Buch in den Händen haltet.

2. **Tatkräftige Unterstützung:** Bei manchen Projekten sind die Ressourcen knapp. Durch ehrenamtliche Mitarbeit stellen Menschen ihre Zeit zur Verfügung und helfen so, die einzelnen Aufgaben unter mehreren Personen aufzuteilen, ohne dass dafür Kosten anfallen. Ich arbeite beispielsweise mit einem Kirchenmusikprojekt zusammen. Andrea Wiese leitet mit großer Begeisterung die Wohltorfer Kirchenmusik[1], in der sich regelmäßig Hunderte Gemeindemitglieder zu verschiedenen Chorgruppen zusammenfinden. Da auch die Kirchen die besonderen Herausforderungen unserer Zeit spüren, werden

Spenden gesammelt, unter anderem um solche Kirchenmusikangebote weiterhin zu ermöglichen. Aber auch ehrenamtliche Mitarbeit ist eine wichtige Säule, die viele Projekte stützt. Durch sie können Kosten, die bei der Erstellung von Veranstaltungsflyern, beim Nähen von Kostümen für Kinder-Musicals, bei der Einlasskontrolle, beim Aufbau von Technik etc. entstehen, so gering wie möglich gehalten werden.

3. **Finanzielle Unterstützung:** Gesellschaftliche Projekte werden oft von Menschen gestartet, die mit viel Herzblut da ansetzen, wo Hilfe dringend benötigt wird. Dörte Inselmann, Gründerin und Vorständin der Stiftung Kultur Palast in Hamburg[2] und seit 2022 Trägerin des Bundesverdienstordens (für ihr Lebenswerk), hat 1980 in einem kleinen Büro ohne Heizung in Hamburgs Osten begonnen, gesellschaftliches Engagement zu leisten. Schon damals hieß der Verein, aus dem die Stiftung hervorgegangen ist, Kultur Palast. Was damals als Ironie gemeint war – es gab nur einen 70 Quadratmeter großen Büroraum –, wurde später mit einer zur Verfügung stehenden Gesamtfläche von 3000 Quadratmetern Wirklichkeit. Im Kultur Palast werden rund 3000 Kinder und Jugendliche mit musikalischer Frühförderung und Hip-Hop gefördert. Da sich die Stiftung zu einem großen Teil durch Spenden finanziert, sind die Angebote nur durch die großartige Unterstützung durch Dritte möglich.
4. **Öffentliche Präsenz:** Nahezu jedes Projekt braucht eine gewisse Bekanntheit und Sichtbarkeit, um bestehen zu können. Wenn andere ihre Stimme leihen, um auf die Bedeutung eines Projektes hinzuweisen und es damit bekannt zu machen, können große Visionen Wirklichkeit werden. In diesem Sinne setzen sich viele Prominente für Projekte ein und helfen so,

diese bekannter zu machen. Aber auch all jene, die weitere Kontakte vermitteln und ein bestehendes Netzwerk vergrößern helfen, leisten einen überaus wichtigen Beitrag. Die Band Revolverheld engagiert sich seit 2014 besonders stark für das SOS-Kinderdorf in Hamburg-Dulsberg[3]. So versteigerte Frontmann Johannes Strate, der privat ein leidenschaftlicher Fotograf ist, viele seiner Lieblingsmotive und spendete den kompletten Erlös an das Kinderdorf. Außerdem tritt die Band bei Veranstaltungen des SOS-Kinderdorfes auf und leistet Hilfestellung bei der Zusammenstellung von Gitarren-, Flöten- und Keyboard-Angeboten. »Durch diese enge Verbindung erhalten wir nicht nur öffentliche Aufmerksamkeit, sondern auch wertvolle Unterstützung in der Entwicklung unserer Angebote«, sagt Torsten Rebbe, Leiter des Kinderdorfs Dulsberg.

So unterschiedlich Hilfe je nach Projekt und Gegebenheiten ausfallen kann und muss – die Vorgehensweise, in der eine Bitte übermittelt wird, läuft immer ähnlich ab. Entscheidend für eine Bitte ist und bleibt die klare und offene Kommunikation darüber, welche Art von Hilfe warum, wann, wofür und in welchem Umfang konkret benötigt wird. Je präziser die Angaben dazu, desto wahrscheinlicher der Erfolg eines Vorhabens. Mehr dazu in Teil drei.

WEM DAS BUCH WIE HELFEN KANN

Dieses Buch richtet sich an die Menschen, die ihre Toolbox zur Kunst des Bittens erweitern möchten. Unabhängig davon, ob sie auf der Suche nach Unterstützung sind für ein gesellschaftliches oder soziales Engagement, für die Gründung eines Start-ups oder für die Umsetzung eines individuellen Herzenswunsches. Ich durfte in den vergangenen Jahren viele Menschen dabei beobachten, wie sie die Herausforderung, um Hilfe bitten zu müssen, meistern, konnte eigene Erfahrungen sammeln und lerne jeden Tag dazu. Mir ist irgendwann bewusst geworden, dass es bestimmte Dinge sind, die mir immer wieder helfen, den Radius meiner Komfortzone zu vergrößern. Was genau es ist, das hierbei hilft, muss jede und jeder für sich selbst erfahren. Es gibt nicht den einen richtigen Weg oder die eine exakte Schrittabfolge. Bitten zu können, hat mehr mit einem Mindset zu tun, das es einem erlaubt, wie in einem Spiel Dinge auszuprobieren und Erfahrungen zu sammeln, um sich voranzubewegen. Jede Situation stellt sich neu und wir werden den Weg immer wieder verlassen (müssen) und flexibel sein (müssen). Sich dabei der zwischenmenschlichen Dynamiken, die sich auf diesem Weg ergeben, bewusst zu sein, hilft jedoch enorm, mit diesen Situationen umzugehen.

Mit diesem Buch möchte ich dazu ermutigen, persönlichen Kontakt zu anderen zu suchen und um Unterstützung zu bitten, wenn es alleine nicht weitergeht. Die Herausforderungen, vor denen wir dann stehen, kenne ich. Und ich weiß auch, was wir alles bewegen können, wenn wir Hilfe erfahren.

Wirklich große Dinge lassen sich mit Unterstützung unendlich viel leichter realisieren.

Wir können die Kunst des Bittens in jedem Alter weiterentwickeln. Ich probiere ständig neue Dinge aus, behalte Verhaltensweisen, die mir gefallen, und werfe über Bord, was mir nicht gefällt. Dabei sehe ich mich als ewige Studentin. Neue Gewohnheiten, die sinnvoll erscheinen, können wir antrainieren. Ganz so wie beim Tennis ein neuer Schlag geübt werden muss. Wichtig ist, verstehen zu lernen, worum es geht, und dann heißt es üben, üben, üben. Ich sage nicht, dass die Kunst des Bittens einfach zu erlernen ist. Wir alle wissen, wie schwer es ist, alte Gewohnheiten durch eine neue zu ersetzen. Aber es ist machbar. Und am Ende steht mehr Leichtigkeit, andere anzusprechen und um Hilfe zu bitten.

Im ersten Teil schreibe ich über die Grundlagen dieses Buches: Zum einen stelle ich den Non-Profit-Markt als ein Beispiel für einen Markt vor, in dem Menschen regelmäßig um Unterstützung bitten. Neben meiner Erfahrung aus dem Marketing und Vertrieb habe ich in diesem Bereich viel über die Kunst des Bittens gelernt. Außerdem zeige ich auf, worüber Verbindungen zwischen den Menschen stattfinden.

Der zweite Teil beschäftigt sich mit unserer Komfortzone. Welche Gefühle haben wir innerhalb der Komfortzone, welche außerhalb und wie können wir die Komfortzone dauerhaft vergrößern und Brücken zu anderen aufbauen?

Teil drei liefert praktische Hinweise und erläutert, wie wir uns optimal auf ein Gespräch vorbereiten, eine Präsentation aufbauen und unsere Vision auf Social Media kommunizieren. Wenn wir andere um Unterstützung für ein Herzensprojekt bitten, ist es von Vorteil, unseren Elevator Pitch und den Bedarf klar zu kommunizieren.

Teil vier beschreibt die Bedeutung von guten Netzwerken, zeigt Orte, wo wir andere finden, die unsere Werte teilen, und erklärt, weshalb wir uns vor einem Gespräch Informationen über Gesprächspartner und -partnerinnen einholen sollten.

Teil fünf bildet das Herzstück dieses Buches. Hier geht es um sieben Dinge, auf die es bei der Kunst des Bittens ankommt: Offenheit, Selbstbewusstsein, Respekt, Begeisterungsfähigkeit, Empathie, Authentizität und Humor.

Über dauerhafte Beziehungen schreibe ich in Teil sechs, denn jeder Mensch hat ein Bedürfnis nach Bindung. Dieser Teil beschäftigt sich damit, wie wir eine langfristige Bindung zu Menschen, die uns unterstützen, aufbauen.

Für dieses Buch habe ich mit unterschiedlichen Menschen gesprochen – Unternehmern aus verschiedenen Bereichen, Stiftern und Geschäftsführern und Geschäftsführerinnen von gebenden und operativ tätigen Organisationen. Diese Gespräche haben gezeigt, dass es nicht nur machbar ist, andere um Unterstützung zu bitten, sondern dass andere Menschen unter bestimmten Voraussetzungen ihre Unterstützung auch gerne anbieten und sich dadurch sogar Bindungen stärken können.

1

GRUNDLAGEN FÜR DIE KUNST DES BITTENS

VON NON-PROFIT-ORGANISATIONEN LERNEN

In dem Bereich, in dem ich viel über die Kunst des Bittens gelernt habe, arbeiten Menschen, die einer gesellschaftlichen Vision folgen. Sie sind bereit Verantwortung zu übernehmen und einen Impact zu leisten. Gerade heute braucht es solche Menschen mehr denn je angesichts massiver Herausforderungen, wie sie sich beispielsweise durch Kriege, die Auswirkungen der Klimakatastrophe und der bedrohten Biodiversität, aber auch durch nicht eingelöste soziale Gerechtigkeit, nicht erreichte Bildungsgerechtigkeit und Chancengleichheit und Geschlechterdiversität stellen. Zur Lösung solcher vielfältigen gesellschaftlichen Probleme entwickeln Visionäre und Visionärinnen Modelle und Projekte und liefern damit konstruktive Angebote an die Allgemeinheit. Projekte, die sie initiieren, Stiftungen oder Vereine, die sie gründen, sind oft auf Unterstützung von außen angewiesen: sei es, dass Menschen als Botschafter oder Botschafterin einer Sache zur Seite stehen, sie als Mentor oder Mentorin beratend begleiten oder aber finanzielle Hilfe dafür leisten. Und selbst wenn ein Unternehmen mit eigenem Kapital in die Gründung einer Stiftung geht, ist es auf ein gut funktionierendes Netzwerk angewiesen, um die Arbeit und Vorhaben der Stiftung im jeweiligen Bereich bekannt machen und gut verankern zu können. In diesem Bereich wird regelmäßig um Unterstützung gebeten.

Zwangsläufig gelten im Non-Profit-Bereich auch andere Regeln für das geschäftliche Miteinander als die, die ich aus der Wirtschaft kannte. Ich hatte bis zu meinem Jobwechsel 2010 noch nie so viele Menschen getroffen, die mit Herzblut ihre Arbeit betreiben, um eine bestimmte Sache voranzubringen. Hier arbeiten

Menschen, die sich beteiligen und an der Gestaltung einer Gesellschaft von morgen mitwirken wollen. Menschen, die sich für gesellschaftliche Projekte einsetzen, haben ihren Purpose gefunden, ihre Jobs sind uneingeschränkt sinnstiftend und fordern den ganzen Einsatz. Und obwohl die Verdienstmöglichkeiten hier meistens deutlich schlechter sind als in der Wirtschaft, entscheiden sich viele aus eben den genannten Gründen, hier zu arbeiten. Ein weiterer Unterschied zur For-Profit-Ökonomie ist, dass es hier nicht um ein Tauschgeschäft geht, in dem die Teilnehmenden Produkte und Dienstleistungen gegen Geld tauschen. In einem Non-Profit-Markt erwarten diejenigen, die etwas geben, keine Gegenleistung außer der, dass ihr Einsatz dem zugutekommt, was als Zweck vorgegeben ist. Wir haben es in diesem Fall im Grunde mit drei Playern zu tun.

Um ein gesellschaftliches Projekt initiieren und damit aktiv die Zukunft mitgestalten zu können, müssen also Lösungsansätze und Strategien zur Umsetzung erarbeitet werden. Wie bei jedem Projektmanagement werden hierzu von Organisationen Ziele festgelegt, die Umsetzung wird geplant und ein Finanzierungskonzept erarbeitet. Um die erforderliche Unterstützung von außen zu bekommen, ist es wichtig, dass die Projektinitiatoren und -initiatorinnen ihre Vision nach außen kommunizieren und Interesse und Aufmerksamkeit für ihr Anliegen erzeugen. Denn die eigentliche Zielgruppe ihrer Angebote sind Menschen, Tiere oder die Umwelt, die aus eigener Kraft die Herausforderungen, die sich ihnen stellen, nicht bewältigen und für Angebote meistens nicht bezahlen können. Hier greift also das übliche Geschäftsmodell – Produkte und Dienstleistungen anzubieten und gegen Geld einzutauschen – nicht. In diesem Fall braucht es Angebote, die für die Zielgruppe kostenfrei oder für einen symbolischen Wert zu

**Gesellschaftliche/
Soziale Herausforderungen**
Chancengleichheit, Bildungsgerechtigkeit, Klimaschutz, Biodiversität, Gesundheit, Diversität

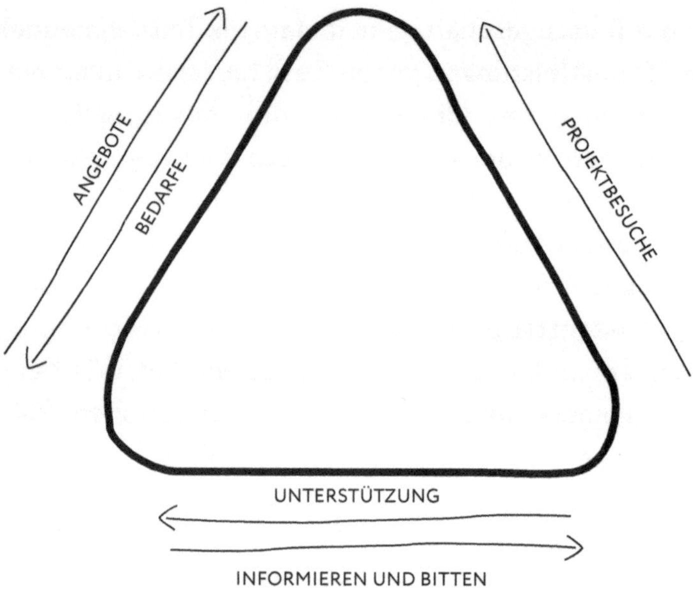

Bittende
Projektinitiatoren und Projektinitiatorinnen, Stiftungen, Vereine

- Bedarfsanalyse
- Ziele festlegen
- Projektentwicklung
- Planung der Maßnahmen
- Finanzierungskonzept erstellen

Unterstützende
Unternehmen, Stiftungen, Vereine, Privatpersonen

- Werte definieren
- Ziele festlegen
- Projekte finden
- Ressourcen identifizieren
- Art der Unterstützung festlegen

haben sind. Und genau hier kommt die dritte Gruppe ins Spiel: Denn um Angebote machen zu können, die andere kostenfrei nutzen – Aufklärungsarbeit in Kriegsregionen, Maßnahmen für mehr Chancengleichheit und Bildungsgerechtigkeit, Projekte zum Klimaschutz und Erhalt der Biodiversität –, braucht es Menschen, die bereit und in der Lage sind, hier Unterstützung zu leisten. Das heißt, in die Rolle der Gebenden zu gehen, weil ihnen Ressourcen zur Verfügung stehen: Geld, Zeit, Know-how, Netzwerk. Vor einer Unterstützung definieren Menschen, die mithelfen wollen, ihre Giving-Ziele, gleichen ihre Werte mit Spendenzwecken ab und identifizieren Ressourcen (Zeit und Geld), um sich auf dieser Basis durch Spenden an der Finanzierung von Angeboten, die sie nicht selber in Anspruch nehmen, zu beteiligen. Ihr Einsatz bleibt also ohne eine Gegenleistung, bis auf – was nicht wenig ist – das gute Gefühl, helfen zu können. Sie bieten aus Gründen der Humanität, Nächstenliebe, einem konkreten Mitgefühl oder dem Wunsch heraus, etwas abzugeben, ihre Hilfe an, die wiederum die Arbeit der Initiativen finanzieren und Kosten decken hilft.

Daher entsteht die Besonderheit, dass Menschen, die die Angebote durch ihre Unterstützung möglich machen, nur durch die Initiatoren und Initiatorinnen von den positiven Auswirkungen der Angebote erfahren und sehen, was mit ihrem Geld passiert. Eine direkte Rückmeldung erhalten sie meistens nicht, werden aber von Projektverantwortlichen in the loop gehalten und über die Entwicklung des Projektes informiert. Der Vertrieb in der Non-Profit-Branche ist daher eine der intensivsten Formen eines Vertriebes, weil Gebende keine Gegenleistung für eine Spende oder sonstige Unterstützung erhalten. Da es um Werte und Visionen geht, spielen hier Emotionen eine große Rolle.

> Im Vertrieb von gesellschaftlichen Projekten spielen Emotionen eine große Rolle.

VERBINDUNGEN GRÜNDEN AUF GEMEINSAMEN WERTEN

Welches Projekt Menschen unterstützen, ist eine sehr persönliche Sache. Die Beweggründe für Mentoren und Mentorinnen, Spender und Spenderinnen, ehrenamtliche Mitarbeit oder prominente Unterstützung sind vielfältig. Menschen, die den Wunsch haben, etwas Gutes zu tun – ob in Form einer finanziellen Unterstützung oder einer Beratung –, orientieren sich bei der Auswahl entsprechender Projekte an ihren Werten.

Für ihr Engagement gehen Gebende meist in Resonanz mit dem Zweck eines Vorhabens, sehen sich in Verbindung dazu, teilen die gleichen Werte oder sind selbst betroffen. Die einen entscheiden sich, beim Aufbau der Wälder mitzuhelfen, andere helfen, Programme zur Rettung der Wildtiere in Afrika zu entwickeln, oder fördern Projekte im Bereich Chancengleichheit und Bildungsgerechtigkeit für Kinder und Jugendliche, wieder andere engagieren sich für Initiativen, die Altersarmut bekämpfen, oder unterstützen die medizinische Versorgung von Menschen in Kriegsgebieten. Melinda Gates, Geschäftsfrau, Philanthropin und Autorin, empfiehlt Philanthropen und Philanthropinnen in ihrer Masterclass[4] über »Impactful Giving«, sich in der Wahl der von ihnen unterstützten Organisationen klar auszurichten: »Let your values guide your giving.«

Verbindungen zwischen Spendenden und Projekten entstehen über gemeinsame Werte.

Auf der Grundlage von geteilten Werten wird eine Zusammenarbeit mit einem Projekt für Spendende eine Bereicherung sein. Liegt ein Projekt dagegen nicht im Bereich des eigenen Wertegerüsts, werden sie es eher nicht oder nur für eine kurze Zeit begleiten. Umgekehrt richten auch Initiatoren und Initiatorinnen gesellschaftlicher Projekte ihre Suche nach Support nach den Werten aus, die sie mit Unterstützern und Unterstützerinnen teilen.

In einem von Bodo Janssen, CEO der Hotelkette Upstalsboom[5], geleiteten Workshop zum Thema Selbstführung haben wir in kleinen Gruppen unsere persönlichen Leitbilder erstellt. Dabei konnten wir uns noch einmal klar vor Augen führen, dass Werte die Grundlage für Visionen bilden und das Verhalten einer Einzelperson oder einer ganzen Organisation leiten. Wir können uns unser Wertesystem als einen Baum vorstellen: Der Stamm steht für Talente, Verhalten und Haltung, die beispielsweise geprägt ist von Liebe, Offenheit, Hilfsbereitschaft oder einem Freiheitsgefühl. Dieser »Wertestamm« ist subjektiv und individuell geformt aus einer großen Bandbreite an Werten und enthält seine ganz eigene Geschichte. Die Baumkrone steht für eine Vision, die für eine einzelne Person wie für ein großes Unternehmen oder eine Organisation das gesamte Handeln beeinflussen und steuern wird.

Je klarer wir unsere Vision definieren und kommunizieren, umso besser hilft sie anderen zu erkennen, wofür wir stehen, und schafft Verbindung. Menschen, die sich über eine Vision zusammenschließen, sind meist auch emotional involviert. Die Verbindung ist enger als bei reinen Tauschgeschäften, weil es um ganz persönliche Werte geht. Engagement festigt das soziale Miteinander und eine Zusammenarbeit für ein gemeinsames Ziel wird häufig als persönliche Bereicherung für alle empfunden.

WARUM VOM NON-PROFIT-BEREICH LERNEN?

Auch Menschen, die kein gesellschaftliches Projekt, sondern ein persönliches Herzensprojekt verfolgen, verbinden sich dafür mit Gebenden, die die gleichen Werte oder Interessen haben. Stell dir vor, du möchtest den Atlantik mit dem Segelschiff überqueren. Wahrscheinlich würdest du dir eher einen Rat von dem Berufssegelsportler Boris Herrmann holen als von einem bekannten Politiker. Denn Boris Hermann würde deine Leidenschaft fürs Segeln sofort verstehen und dir sogar gerne einen Rat geben. Selbst in der Wirtschaft sind Geschäftsbeziehungen stabiler und anhaltender, wenn die Beteiligten ähnliche Werte teilen. In der Textilindustrie werden beispielsweise Unternehmen, die sich soziale und ökologische Verantwortung auf die Fahne geschrieben haben, nicht mit solchen zusammenarbeiten, die diesen Werten widersprechen. Hier helfen die »Code of Conducts«, die viele Konzerne sich gegeben haben, die richtige Wahl zu treffen.

Gleiche Werte oder Interessen sind bei allen zwischenmenschlichen Beziehungen die Grundlage für eine enge Verbindung. Wenn Menschen ähnliche Schwerpunkte und Orientierungsraster haben, die ihnen wichtig sind, werden sie einander unterstützen.

> Nur wenn wir wissen,
> was uns wichtig ist, können
> wir nach einem Match suchen.

Werte bewusst zu prüfen und auch zu kommunizieren, ist daher entscheidend, wenn wir uns mit anderen verbinden möchten. Welche Werte sind uns wichtig? Welche der zum Beispiel von unseren Eltern übernommenen Werte haben noch Gültigkeit, welche nicht? Über solche Fragen können wir uns unser Wertegerüst bewusst machen und festigen. Dabei geht es nicht darum, sich ein starres, unbewegliches System zu verpassen, das irgendwann zum Korsett wird, denn das eigene Wertesystem wird sich im Laufe der Zeit verändern. Manche Werte werden uns erst dann klar, wenn sie in Gefahr sind. In Krisen erhalten neue Werte Einzug in unseren Wertebaum, aber auch positive Erlebnisse verändern unser Wertesystem. Werte können also durch äußeren Einfluss verschoben oder verändert werden – im Negativen wie im Positiven –, ohne dass der gesamte Wertestamm ins Wanken gerät.

Durch die Geburt meiner Kinder haben sich mir viele Fragen gestellt im Hinblick auf mein Wertesystem. Wie wollte ich meine Kinder erziehen? Welche Werte wollte ich ihnen mitgeben? Klar war: Ich wollte meinen Kindern die uneingeschränkte Liebe und Unterstützung zukommen lassen, die ich selbst durch meine Eltern erfahren durfte. Auch das mir vermittelte Selbstvertrauen, das mir half, immer für mich einzustehen, wollte ich meinen Kindern als Wert weitergeben. Und am Ende nicht nur meinen eigenen. Die Tatsache, dass ich auch meine Arbeit nach meinen Werten ausrichten wollte, führte mich zwangsläufig zu zahlreichen Projekten, in denen es um Kinder, Jugendliche und junge Erwachsene geht.

KURZ UND KNAPP: GRUNDLAGEN FÜR DIE KUNST DES BITTENS

- **Im Non-Profit-Markt wird regelmäßig um Unterstützung gebeten.**
- **Dieser Markt ist von drei Playern bestimmt.**
- **Hier werden Angebote nicht gegen Geld ausgetauscht, sondern den Zielgruppen zur freien Verfügung gestellt.**
- **Zur Unterstützung solcher Angebote stellen Menschen mit den notwendigen Ressourcen ihr Geld, ihren Rat oder ihre ehrenamtliche Mitarbeit zur Verfügung.**
- **Eine Verbindung zwischen den Teilnehmenden findet über gleiche Werte statt.**
- **Die Spendenden stehen in regelmäßigem Austausch mit den Empfängerorganisationen, ohne einen direkten Kontakt zur eigentlichen Zielgruppe der Leistungen zu haben.**
- **Eine Spende bleibt ohne Gegenleistung.**
- **Daraus ergibt sich eine sehr intensive Form des Vertriebs, der auch von Emotionen geprägt ist.**

2

DIE SACHE MIT DER KOMFORTZONE

GRENZEN, DIE DIE KOMFORTZONE SETZT

Unsere Komfortzone ist der Bereich, in dem wir uns sicher und wohl fühlen. Hier kennen wir Abläufe und Routinen sowie die Menschen, die sich als unsere ständigen Kontakte im Lauf der Zeit darin versammelt haben. Das Risiko für unvorhergesehene Ereignisse lässt sich einigermaßen begrenzen, was uns ein Gefühl von Sicherheit verleiht und gar nicht erst Ängste aufkommen lässt.

Wenn wir nun Unterstützung für ein Herzensprojekt suchen und eine Bitte an jemanden haben, müssen wir sie, um weiterzukommen, auch vorbringen – daran führt kein Weg vorbei. »Das ist außerhalb meiner Komfortzone«, sagte kürzlich eine Projektpartnerin zu mir. Und mit diesem Gefühl ist sie längst nicht allein. Viele trauen sich nicht, die entscheidende Frage nach Hilfe zu stellen, und haben Angst vor möglicher Ablehnung. Andere um Unterstützung zu bitten, löst vielfach deutliches Unbehagen oder auch Stress aus. Und den wollen wir uns ersparen – also fragen wir nicht nach Hilfe und bleiben lieber in der Komfortzone. Diese Methode hilft zwar für den Moment, Stress zu vermeiden – das Signal nach außen ist: Alles läuft ganz hervorragend –, an der Tatsache, dass wir eigentlich Unterstützung benötigen, hat sich damit aber rein gar nichts geändert. Im Gegenteil: Niemand würde bei solchem Verhalten auf die Idee kommen, nachzufragen, ob wir Hilfe brauchen, weil der Bedarf nicht zu erkennen ist.

RAUS AUS DER KOMFORTZONE

Wachstum lässt sich nur außerhalb der Komfortzone erreichen. Jede Art von Lernen bedeutet letztlich, sich in seinem Erreichten oder Gewohnten wieder zu öffnen, um Raum für Weiterentwicklung zu geben. Nur außerhalb unserer Routinen lernen wir neue

Fähigkeiten und machen uns mit Unbekanntem bekannt. Ich kann gar nicht sagen, wie oft ich meine Komfortzone verlasse, was ich aber sagen kann, ist, dass ich mit jedem Verlassen ihren Radius vergrößere. Und darum geht es in diesem Buch: Gewohnheiten zu durchbrechen, um sich den Raum für neue Erfahrungen zu schaffen.

»Schatz, möchtest du dir ein Eis holen?« Mit diesen Worten drückte mir meine Mutter etwas Geld in die Hand und schickte mich über die Straße zum Eisstand. Ich war vielleicht sechs Jahre alt und mit meinen Eltern im Spanienurlaub. Schon die Straße, die ich überqueren sollte, erschien mir wie ein gefährlicher Abgrund. Auf der anderen Straßenseite angekommen, wurde ich in der langen Menschenschlange vor dem Eisstand von anderen Kindern immer wieder zurückgedrängelt, bis mich eine ältere Frau hinter mir wild gestikulierend ermutigte, einfach weiter aufzurücken. Kurz darauf hatte ich es tatsächlich bis ganz nach vorne geschafft, wo ich allerdings merkte, dass ich das spanische Wort für mein Lieblingseis gar nicht kannte. Als auch ein Hilfe suchender Blick zu meiner Mutter nicht weiterhalf, zeigte ich kurzerhand auf die Sorte und rannte, kaum dass ich die Waffel in der Hand hielt, erleichtert zurück.

Auch heute noch, im Erwachsenenleben, gibt es Situationen, in denen ich mich wieder fühle wie in der Schlange vor dem Eisstand. Bei einigen Aufgaben geht es nur schleppend voran, manchmal fehlt auch das nötige Rüstzeug. Dann wäre Hilfe von außen nicht schlecht. Doch um zu bitten, fehlt uns manchmal die richtige Sprache, und schon sind wir kurz davor, einfach aufzugeben, den Schritt nach vorne nicht zu machen – schließlich möchten wir uns auch nicht in den Vordergrund drängen. Dabei geht es gar nicht darum, sich in den Vordergrund zu spielen, laut zu werden,

Ein klares
den Radius deiner
zu

Mindset hilft,
Komfortzone
vergrößern.

um ins Gespräch zu kommen. Mit etwas Mut und ein bisschen Übung lässt sich die Aufgabe auch ohne den großen Auftritt bewältigen. Ich spreche da aus eigener Erfahrung.

WAS KANN SCHON PASSIEREN?

Nehmen wir einmal an, du bist auf einer Veranstaltung, auf der Barack Obama eine Rede halten soll zum Thema Chancengleichheit. Du bist – ungeachtet deiner politischen Einstellung – beeindruckt von seinem Weg ins Weiße Haus und fragst dich, wie er diese Laufbahn geschafft hat. Du würdest gerne den privaten Barack Obama kennenlernen, den, der sich hinter dem charismatischen Präsidenten verbirgt. Du stehst in der ersten Zuschauerreihe, nur noch durch einige Bodyguards getrennt vom Redner. Auf einmal geht er nach vorne und steht genau vor dir. Barack Obama lächelt dich freundlich an. Du lächelst zurück, ohne aber auch nur einen Ton über die Lippen zu bringen. Du hast einfach nicht den Mut, etwas zu sagen. Und schon ist die Situation vorbei. Später gehst du die Situation immer und immer wieder gedanklich durch. Warum hast du ihn nicht angesprochen? Er hat dich so freundlich angesehen. Was hättest du anders machen können? Du bist ein interessierter und informierter Mensch, der regelmäßig mit seinen Freunden über aktuelle Entwicklungen in der Welt diskutiert. Ein paar Worte mit Barack Obama zu wechseln, wäre wirklich großartig gewesen. Aber wie kann man nicht nervös werden, wenn Barack Obama vor einem steht? Ein Mann mit einem Charisma, das Menschen sofort in seinen Bann schlägt.

Ersetze Barack Obama durch irgendeine andere Person, die du gerne ansprechen möchtest. Das kann der nette Kollege sein, mit dem du schon lange einmal einen Kaffee trinken wolltest, oder die Unternehmerin, die du gerne fragen würdest, wie sie Aufsichtsrätin geworden ist. Und frage dich dann, ob du dich trauen würdest, diese Personen wirklich anzusprechen. Je größer der Wunsch, jemanden kennenzulernen, oder schwieriger der Inhalt, den es zu vermitteln gilt, je höher die Position der anderen, desto größer die Angst, den entscheidenden Schritt zu machen. Wenn wir den Schritt aus unserer Komfortzone jedoch wagen, können wir nur gewinnen. Denn was kann im schlimmsten Fall schon passieren? Der schlimmste Fall ist, dass wir eine Abfuhr erhalten. Das Risiko besteht. Aber deswegen erst gar keine Initiative ergreifen und eine Kontaktmöglichkeit von vornherein ausschließen? Wenn wir gar nicht erst fragen, ist es sicher, dass wir nicht in Kontakt kommen werden. Wenn wir uns jedoch aus der Komfortzone wagen, haben wir eine Aussicht auf Erfolg. Wir können nur gewinnen, das Risiko ist also gleich null.

> Schon der erste Schritt aus der Komfortzone heißt, zu gewinnen.

Im Verlauf des Buches wird deutlich werden, wie uns der Schritt aus der Komfortzone immer wieder gelingt und welche Skills es braucht, um den ersten Schritt zu gehen. Ich werde aufzeigen, wie wir Brücken bauen, um mit anderen in Verbindung zu treten, oder wie wir uns auf wichtige Termine vorbereiten und so unsere Nerven beruhigen können.

Wie also kannst du gut reagieren, wenn plötzlich Barack Obama, sprich eine für dich wichtige Person, vor dir steht? Viel gibt es eigentlich gar nicht zu tun. Du brauchst vor allem ein bestimmtes

Mindset, das dich trägt und dir Sicherheit verleiht. Alles andere kommt dann wie von selbst. Wenn wir darauf vertrauen, dass wir alles in uns haben, was wir brauchen, sind wir auch in der Lage, eine Herausforderung zu bestehen. Folgende Gedanken helfen dir vielleicht, einer herausfordernden Situation gegenüber offen zu begegnen.

- **Ich vertraue darauf, dass ich alles in mir habe, was ich brauche.**
- **Ich freue mich, mit der Person, die ich schon immer treffen wollte, sprechen zu können.**
- **Ich habe den Mut, jetzt diese Person anzusprechen, weil ich weiß, dass dabei nichts Schlimmes passieren kann.**
- **Mir ist bewusst, dass die meisten Menschen auf eine freundliche Ansprache positiv reagieren und einen interessanten Gedankenaustausch schätzen.**

STRATEGIEN ZUR VERGRÖSSERUNG DER KOMFORTZONE

Noch einmal: Das Schlimmste, das passieren kann, wenn wir aus unserer Komfortzone heraustreten und auf andere zugehen, ist, dass wir eine Abfuhr erhalten. Das ist unangenehm, aber wirklich schlimm? Das mulmige Gefühl, das uns beschleicht, wenn wir die Sicherheit der Komfortzone verlassen, zeigt eigentlich nur an, dass wir darin noch mehr Übung brauchen. Was im Übrigen für viele zutrifft, denn die wenigsten sind in dieser Hinsicht vollkommen furchtlos. Viele Menschen haben Berührungsängste und können ein Anliegen eher nicht spontan und unvorbereitet vorbringen.

Mit Fritjof Nelting durfte ich lange über das Thema der Komfortzone sprechen. Auf der Homepage des Familienunternehmens

Nelting ist zu lesen: »Fritjof hat es sich zur Lebensaufgabe gemacht, gesellschaftliche Verantwortung zu übernehmen und zu leben. Dies tut er zum einen durch die familiengeführten Gezeiten Haus Kliniken[6] und die Gezeiten Haus Akademie. Darüber hinaus bringt sich Fritjof als Coach, Keynote-Speaker und Mentor in Unternehmen und Institutionen ein, um dort Impulse für wirklich nachhaltige Gesundheit und nachhaltiges Unternehmertum zu geben, Neugier zu wecken und um zu inspirieren.« In unserem Gespräch über Mindset und Komfortzone sagte er: »Wenn wir unsere Komfortzone verlassen, fühlen wir uns oft überfordert.« Und diese Überforderung überdecke ein Gefühl der Angst.

AUSSERHALB DER KOMFORTZONE

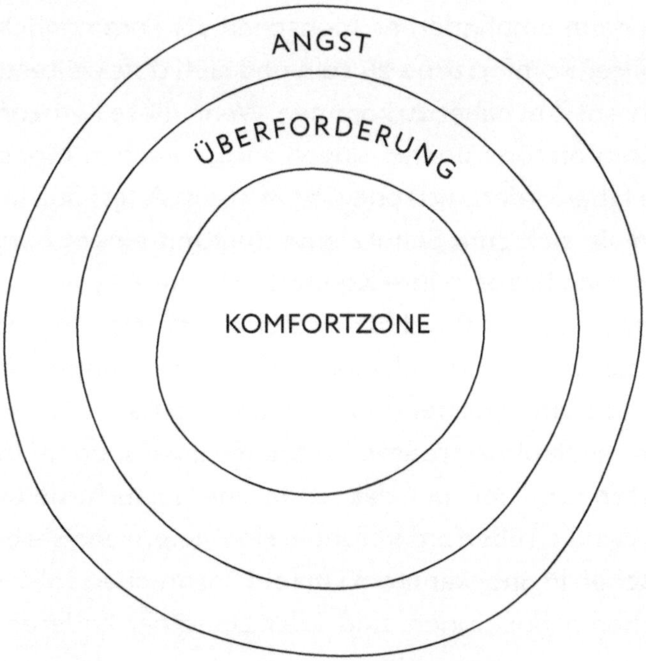

Fritjof stellt einen deutlichen Bezug her zwischen einem klar definierten Purpose und niedriger werdenden Hemmschwellen: »Wenn wir unseren Purpose gefunden haben oder – wenn uns das Wort zu groß ist – wir einen Plan für zwei bis drei Jahre gemacht haben, fällt es uns sehr viel leichter, aus der Komfortzone herauszukommen.« Er erklärt, dass es wesentlich einfacher wird, aus der Komfortzone zu treten, wenn wir in unserer Mitte stimmig sind.

> »Wenn wir wissen, was wir wollen, trauen wir uns mehr zu.«
>
> Fritjof Nelting

Denn dann empfinden es Menschen als Lernmöglichkeit, außerhalb ihrer Komfortzone zu sein und sich dort weiterzuentwickeln und ihrem Ziel näher zu kommen. Wenn diese Lernzone am Rande der Komfortzone übersprungen wird, rutschen Menschen sofort in die Überforderungszone und es steigt Angst auf. In diesem Fall bauen sie sich zum Schutz eine Burg mit einem Burggraben und ziehen sich lieber in ihre Komfortzone zurück.

Im privaten Umfeld fühlen sich die meisten Menschen in ihrer Komfortzone. Kommunikation in Familie und unter Freunden stellt kein Problem dar. Hier lässt sich über fast alles sprechen, schafft man es auch ohne größere Probleme, um Rat oder Unterstützung zu bitten. Obwohl auch das schon eine Herausforderung darstellen kann. Wirklich überfordert fühlen sich viele, wenn sie beispielweise Menschen in unbekanntem Umfeld ansprechen sollen, solche, die in höheren Positionen sind oder aus einer anderen Generation stammen. Aus der Komfortzone zu treten, bedeutet, eine Veränderung vorzunehmen, ja so etwas wie eine Persönlichkeitsentwicklung in Gang zu setzen. Um das bewusst und systematisch betreiben zu können, braucht es Methoden. Methoden, die helfen, den Radius der individuellen Komfortzone zu erweitern, den Bereich, in dem sicher und aus der Balance agiert werden kann, auszudehnen.

VERGRÖSSERTE KOMFORTZONE

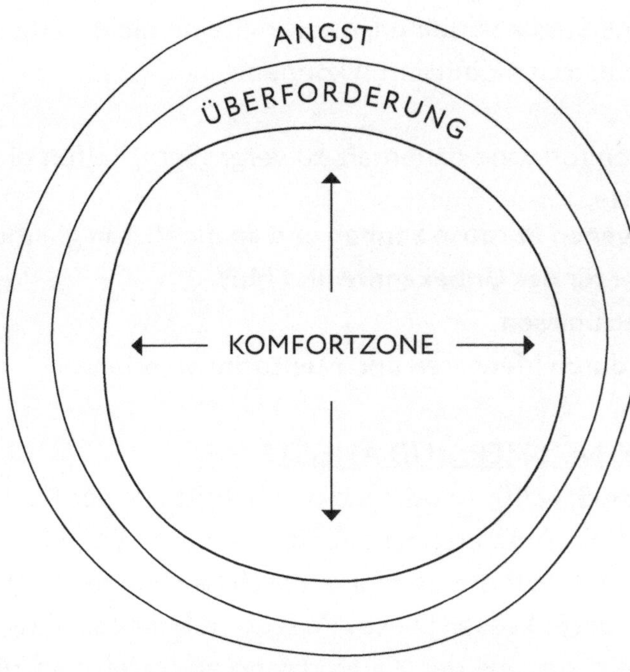

Mit diesem Buchprojekt habe ich mich definitiv aus meiner Komfortzone begeben. Zeitweise hatte ich das Gefühl, dass ich gar keine Verbindung mehr zu ihr hatte. Ich wusste jedoch, dass ich dieses

Projekt wollte, und empfand jeden Schritt aus meiner Komfortzone heraus als Lernphase. Ich kann heute nicht erklären, was mich geritten hat, ein Buch schreiben zu wollen. Aber gerade einem starken Instinkt sollten wir, wie schon erwähnt, unbedingt folgen. Was mir neben dem Wunsch, ein Buch zu schreiben, und einer guten Portion Neugier geholfen hat, waren, so paradox es klingt, meine Ängste. Die lernte ich als solche erstmals bewusst wahrzunehmen und ihnen mit Achtsamkeit zu begegnen. Ein letzter Punkt auf diesem Weg, die Komfortzone dauerhaft zu vergrößern, ist die Unterstützung durch andere. Mentoren und Mentorinnen können uns Stärke verleihen, die wir alleine nicht hätten, zumindest nicht hätten mobilisieren können.

Um die Komfortzone dauerhaft zu vergrößern, helfen die folgenden Schritte:

1. **Den eigenen Purpose kennen und an die Vision glauben**
2. **Neugier für das Unbekannte und Mut**
3. **Ängste zulassen**
4. **Stärke durch Mentoren und Mentorinnen erfahren**

PURPOSE, NEUGIER UND ÄNGSTE

Nur wer weiß, wofür er oder sie den Schritt aus der Komfortzone wagt, wird die Anstrengung auf sich nehmen: Es hilft, sich ganz klar vor Augen zu führen, wofür und welche Hilfe benötigt wird – je konkreter, desto besser. Dieses Wissen verleiht das nötige Selbstbewusstsein, um aus der Komfortzone zu treten und die Suche nach Unterstützung aufzunehmen und Hilfe zu suchen für ein Herzensprojekt mit einem starken Purpose, dessen Wirkung in die Breite gehen soll. Künstler und Künstlerinnen, die ihre Arbeit einem Publikum präsentieren, Sänger und Sängerinnen, die mit ihrer

Musik die Herzen der Menschen berühren, Autoren und Autorinnen, die mit ihren Worten zum Nachdenken anregen, Menschen, die sich in gesellschaftlichen Projekten für einen sozialen Impact einsetzen – all diese Projekte richten sich an die Allgemeinheit.

Neben dem Bewusstsein für die eigene Vision spielen Neugier für das Unbekannte und eine Portion Mut eine große Rolle, wenn wir unsere Komfortzone erweitern wollen. Unsere Eltern haben uns optimalerweise Liebe geschenkt und die Neugier aufs Leben in uns geweckt. Neugier hilft ungemein, den Schritt aus der Komfortzone zu wagen. So lernen Kinder krabbeln, laufen, schwimmen und Fahrrad fahren. Es ist unglaublich, was ein Kind in den ersten Jahren lernt. Ich erinnere mich nur zu gut an das Großwerden meiner Kinder, an ihre vielen Schrittchen in unbekanntes Terrain und ihre zahllosen Sprünge aus ihrer kleinen Komfortzone ins sprichwörtliche kalte Wasser.

> Schwimmen lernt man nur im kalten Wasser.

Als ich Andreas Schiemenz nach seinen Top-3-Tools für die Kunst des Bittens frage, nennt er als Erstes die Fähigkeit, Mut zu haben. Er ist Gründer und Geschäftsführer der Sinngeber gGmbH[7]. Sinngeber ist ein philanthropisches Family Office, das für Vermögende in Deutschland, Österreich und der Schweiz Strategien für deren gesellschaftliches Engagement entwickelt. Philanthropen oder, wie sie auch genannt werden, Großspender stellen einen erheblichen Anteil ihres Vermögens aus eigener intrinsischer Motivation für die Gesellschaft zur Verfügung. Wenn Andreas Schiemenz von Mut spricht, meint er, dass Glaubenssätze überwunden werden müssen, wenn mit wohlhabenden Unterstützern und Unterstützerinnen Kontakt aufgenommen werden soll.

> »Menschen, die im Fundraising arbeiten, machen sich oft kleiner, als sie sind, und unterwerfen sich zu schnell dem großen Geld.«
>
> Andreas Schiemenz

Um uns mit anderen auf Augenhöhe zu fühlen, benötigen wir maximal Mut, sagt Andreas Schiemenz. »Das ist wie bei einem Turmsprung: Wenn wir springen, werden wir auch etwas Wasser schlucken.« Den Mut sollten wir aufbringen.

Kennt ihr den Disney-Film *Alles steht Kopf*? Er handelt von einem elfjährigen Mädchen, das mit seinen Eltern in eine andere Stadt ziehen muss. Sie ist darüber so unglücklich, dass ihre Gefühle ein Eigenleben entwickeln. Freude, Angst, Wut, Ekel und Kummer wollen ihr helfen, sich an ihr neues Leben zu gewöhnen. Doch sie sind sich nicht immer einig, wie ihnen das gelingen kann. Dass Gefühle ein Eigenleben entwickeln, kennen wir alle – und das ist gut so. Emotionen helfen uns, zu überleben. Ich habe irgendwann begonnen, Ängste und Nervosität wahrzunehmen und Strategien zu entwickeln, wie ich mit diesen Emotionen umgehe. So sind die Ängste zwar da, allerdings nicht als unkontrollierte Störfaktoren, die mich limitierten.

INNERE STÄRKE DURCH MENTOREN UND MENTORINNEN

Aus der Komfortzone zu treten, ist Arbeit. Mentoren und Mentorinnen können bei dieser Arbeit helfen und andere für eine Veränderung stark machen. Fritjof Nelting von den Gezeiten Haus Kliniken empfiehlt, sich jemanden zu suchen, von dem wir uns Stärke ausleihen können. Das können Familienmitglieder sein, Freunde, aber auch Menschen, die nicht dem eigenen sozialen System angehören. An Kindern sehen wir, wie es geht, von anderen Stärke zu leihen. Eltern und andere vertraute Personen machen Mut, den ersten Schritt zu machen oder Fahrrad fahren zu lernen. Irgendwann brauchen sie diese Hilfe nicht mehr und ziehen alleine los.

»Stein um Stein über einen Fluss gehen« – so beschreibt Fritjof das Verlassen der eigenen Komfortzone. Und weiter: »Die Erfahrungen, die wir dabei machen, sind Referenzen. Je mehr Referenzen wir haben, desto sicherer werden wir und die Wahrscheinlichkeit ist erhöht, dass wir sicher über den Fluss kommen. Misserfolge werden wir auf dem Weg immer wieder haben. Keine Krise wird die letzte sein. Aber du fällst dann wieder auf die Füße. So funktioniert das Laufenlernen als Erwachsener.«

> Mentoren und Mentorinnen schaffen ein sicheres Übungsfeld.

Mein »Training« im Verlassen der Komfortzone begann in meiner Kindheit. Von klein auf haben meine Eltern mich immer wieder »ins kalte Wasser« gestoßen, indem sie mir kleine Aufgaben gaben. Ein

Eis im spanischen Urlaubsort zu holen, machte den Anfang, mit zunehmendem Alter folgten anspruchsvollere Aufgaben, die mir halfen, nach und nach meine Schüchternheit zu überwinden.

Wie zum Beispiel die, bei den Veranstaltungen, zu denen mein Vater, der Führungskraft bei der Otto Group war, regelmäßig Geschäftsfreunde in unser Haus einlud, den Gästen die Garderobe abzunehmen, Getränke zu reichen und das Essen zu servieren. Was ich anfangs als aufregend empfand, wurde mit der Zeit fast zur Routine. Solche Lernerfahrungen kamen mir in meinem späteren Leben sehr zugute. Zum Beispiel als 27-jährige Licensing Managerin für den Bereich Apparel und Fashion Accessories bei der Walt Disney (Germany) Company. Dort war ich verantwortlich für den Verkauf von Lizenzen im Bereich Bekleidung und Accessoires, die Betreuung von Lizenznehmern und die Verwaltung eines recht großen Budgets. Meine Ansprechpartner waren Geschäftsführer mittelständischer Bekleidungsunternehmen, die häufig doppelt so alt waren wie ich und mir an Berufserfahrung weit voraus waren. Daran musste ich mich erst einmal gewöhnen. Während meiner Zeit bei Disney habe ich viel gelernt: als junge Managerin auf Augenhöhe mit erfahrenen Geschäftsleuten zu kommunizieren und für mein Auftreten eine gute Mischung aus Selbstbewusstsein und Respekt zu finden. Mein Chef war dabei stets mein bester Mentor.

DIE NERVEN BERUHIGEN

Wer kennt es nicht: Ein wichtiger Geschäftstermin steht bevor, die Nervosität steigt und steigt, bis es endlich so weit ist. Nur wenige Menschen schaffen es, völlig ohne Nervosität vor bedeutenden Personen zu sprechen. Ein bekannter amerikanischer Journalist sagte einmal in einem Interview, dass es für ihn wesentlich stressiger sei, mit Menschen ein direktes Gespräch zu führen, als seinen Text in die Kamera zu sprechen und vor Millionen Menschen über die Neuigkeiten zu berichten. Die richtige Technik, vor der Kamera zu sprechen, habe er über die Jahre gelernt, nicht aber die, mit Menschen face to face zu reden. In solchen Momenten verschlage es ihm regelmäßig die Sprache. Die Aufregung, vor und zu anderen zu sprechen, ist also nichts Ungewöhnliches.

> Denk daran: Dein Gegenüber ist vielleicht genauso aufgeregt wie du.

In einem Gespräch geht es um Austausch: das, was die eine Seite mitbringt, auszutauschen mit dem, was die andere hat, um dann gemeinsam eine übergeordnete Aufgabe zu lösen. Am Ende kann es also nur um eine Win-win-Situation gehen. Wenn du dir das immer und immer wieder bewusst machst, kannst du locker und entspannt in jeden Termin gehen und vielleicht sogar ein wenig Freude daran empfinden.

Dennoch kenne ich auch heute noch nach vielen Jahren Praxis in sogenannten Outgoing-Bereichen wie Marketing und Vertrieb die aufkommende Unruhe vor einem wichtigen Gespräch. Ich habe zwar immer das Gefühl, gut vorbereitet zu sein, und weiß genau, was ich sagen möchte, trotzdem spüre ich immer wieder auch Bauchkribbeln, aufkommende Nervosität und schnelleren Herzschlag. In solchen Fällen befinde mich klar außerhalb meiner Komfortzone und meine Gefühle tanzen innerlich Pogo. Vielleicht ist es auch gut, etwas Aufregung zu verspüren. Sie treibt zu Höchstleistung an.

In solchen Momenten ist die wichtigste Aufgabe, die Nerven nicht zu verlieren. Die aufsteigende Angst und Unruhe zu beruhigen, indem wir uns immer wieder bewusst machen, dass wir über alles Nötige an Wissen verfügen und dass im Grunde gar nichts Schlimmes passieren kann. Das baut die Nervosität ab, diese innere Unruhe, die die natürliche Gelassenheit verdrängt. Bevor sich dann auch noch die Stimme verändert, das Sprechen immer schneller wird und die Verunsicherung überhandnimmt, ist spätestens der Zeitpunkt gekommen, diese natürliche Gelassenheit zu reaktivieren.

RUHEPHASEN UND ERNÄHRUNG

Wir können versuchen, Faktoren, die wir beeinflussen können, in den Griff zu bekommen: Fühlen wir uns körperlich entspannt und ausgeschlafen? Haben wir uns ausreichend mit Essen und Trinken versorgt, sodass unser Organismus optimal arbeiten kann? Ruhephasen und Ernährung sind Faktoren, die unser Wohlgefühl beeinflussen. So wie sie uns Energie geben, so können sie uns auch Kraft rauben. »Wenn Stressoren auf der falschen Ebene beantwortet werden, werden wir krank. Dann sind wir energielos«, sagt Fritjof Nelting vom Gezeiten Haus. »Atmung, Yoga und Meditation helfen, Ungleichgewichte ins Gleichgewicht zu bringen. Auch Spaziergänge und ausreichend Sauerstoff wirken sich positiv auf die Neurotransmitter aus.« Weil er feste Routinen für extrem wichtig hält, empfiehlt er, den Tag mit Zeit für sich selbst zu beginnen und auch Mittagspausen einzuhalten, in die wir uns keine Termine legen. So können wir Phasen bewusster Absichtslosigkeit erleben, in denen es nur Dürfen gibt und kein Müssen. Das verschafft

Entspannung, weil wir uns erlauben: Nichts muss, alles darf geschehen. Und wenn wir für ein inneres Gleichgewicht sorgen, schaffen wir es viel leichter, aus der Komfortzone zu treten und Gefühle der Aufregung und des Unwohlfühlens gar nicht erst aufkommen zu lassen.

ATMUNG UND STIMMÜBUNGEN

Sollte sich dennoch wieder einmal innere Unruhe einstellen, hilft es, sich zurückzuziehen und sich auf die eigene Atmung zu konzentrieren. Wer bereits Erfahrung mit Yoga gemacht hat, kennt es: Beim tiefen Einatmen wölbt sich der Bauch nach außen, beim langen Ausatmen flacht er wieder ab. Legen wir die Hände auf den Bauch und atmen tief ein, spüren wir, wie der Bauch größer wird. Ich selbst zähle währenddessen auf fünf, versuche, den Atem fünf Zähleinheiten zu halten, und lasse erst dann die Luft langsam wieder auf fünf austreten. Auch wenn ich keine Atmungsexpertin, sondern nur Anwenderin bin, kenne ich den überaus positiven Effekt, besonders bei Aufregung ganz bewusst tief in den Bauch zu atmen. In Erinnerung dazu ist mir ein Vortrag, zu dem ich vor einigen Jahren von einem Rotary Club eingeladen war. Vor dem Vortrag wurde ein köstliches Essen serviert und bereits während des Desserts spürte ich, wie die Aufregung sich meldete. Da ich mich nirgendwohin zurückziehen konnte, legte ich noch am Tisch sitzend unauffällig meine Hand auf den Bauch und atmete tief. Ich konzentrierte mich voll und ganz auf mich und fand innerhalb weniger Sekunden wieder zu mehr innerer Ruhe zurück.

Innere Unruhe zeigt sich manchmal nach außen, unter anderem durch die Stimmlage. Die eigene Stimme hört sich dann viel höher und irgendwie fremd an. Durch eine einfache Übung aus dem Schauspielunterricht lässt sich die Stimmlage festigen und der Stimmumfang merklich vergrößern: In »natürlicher« mittlerer Stimmlage – also nicht zu tief und nicht zu hoch – wird ein lang anhaltendes »Mhmmmmmm« gesummt, das in der Tonlage langsam immer höher geht. Ist man stimmlich ganz oben angekommen, folgt ein hohes »Piep, Piep, Piep«, bevor es langsam in einen ganz tiefen Ton hinuntergeht. Zum Schluss wird die Faust vor die Brust genommen, um sie dann mit Wucht nach vorne schnellen zu lassen und in mittlerer Stimmlage ein kräftiges »Ma-ma-ma« auszustoßen. Nach meiner Erfahrung verhilft die regelmäßige Übung tatsächlich zu einer sicheren und klaren Stimme.

STELLE DIR EINEN BLACKOUT VOR

Lassen wir Ängsten freien Lauf, werden sie größer. Schauen wir sie uns bewusst an und fragen wir uns: Was kann im schlimmsten Fall passieren?, Welche Gefahr droht tatsächlich?, Was macht am meisten Angst?, stehen die Chancen gut, sie einfangen und besänftigen zu können.

Ich bin Betriebswirtin. Meine Themen sind Networking und Fundraising. Wenn ich mir überlege, was bei dem Versuch, Einzelpersonen oder größere Gruppen für mein Anliegen zu begeistern, passieren kann, sind die Risiken im Vergleich zu denen in anderen Berufen eher gering. 2019 sollte ich in New York im Rahmen eines Speaker-Seminars eine Rede vor circa 200 Menschen in einem Theater halten. Unsere Vorträge wurden live zu Freunden und Familien nach Deutschland gestreamt. Ich war vor diesem Auftritt sehr aufgeregt. Immer wieder habe ich meinen Vortrag vor dem Spiegel geübt. Mein Einstieg war perfekt, alles lief nach Plan. Ich blickte in freundliche Gesichter und erntete erste Lacher. Nach etwa vier Minuten war er da: Der Blackout traf mich unvermittelt, ohne die kleinste Ankündigung überrumpelte er mich total. Innerhalb einer

Sekunde war mein Kopf leer. Und leer bedeutet hier wirklich leer. Da war nichts mehr – nur noch gähnende Leere. In diesem Extrem war das eine neue und überaus unangenehme Erfahrung für mich. Der Raum erschien mir unendlich groß und von irgendwoher meinte ich eine Uhr ticken zu hören. Ich stand einfach da und habe die Menschen angesehen. Schließlich musste ich lächeln, zog Schultern und Augenbrauen fragend hoch und sagte nur: »Oh, jetzt habe ich vergessen, was ich sagen wollte.« Die Jurymitglieder in der ersten Reihe lächelten mich allesamt an, mehr geschah nicht. Was mir wie eine Ewigkeit erschien, dauerte wahrscheinlich nur Sekunden. Auf einmal kamen meine Gedanken wie ein Geistesblitz wieder zurück. Diesmal war ich ganz bei mir und sagte: »Jetzt weiß ich wieder, was ich euch erzählen wollte.« Ich machte einfach weiter und habe ohne Unterbrechungen, aber viel lockerer bis zum Ende gesprochen. Für mich war diese Erfahrung besonders wertvoll. Sie machte mir klar, dass der schlimmste Fall, der bei einem Auftritt vor Publikum eintreten kann, im Grunde nichts wirklich Schlimmes ist.

Wenn ich jemanden um etwas bitten möchte, ist das Schlimmste, das passieren kann, dass es mir nicht gelingt, das Interesse zu wecken, und dass das Gespräch beendet wird. Das ist bedauerlich, aber nicht im strengen Sinne schlimm. Trage ich mein Anliegen vor einer Gruppe von Menschen vor, besteht, wie gesehen, das Risiko, dass es zu einem Blackout kommt. Das ist unangenehm, aber auch nicht wirklich schlimm. Für beide Situationen gilt also: Der schlimmste Fall, der eintreten kann, ist der, dass ich die erhoffte Aufmerksamkeit oder die erbetene Unterstützung nicht bekomme. Nicht mehr und nicht weniger. Bei diesem Ergebnis lande ich dagegen sofort, wenn ich den Mut gar nicht erst aufbringe und keinen Versuch starte. Dann habe ich nicht mal meinen

Erfahrungsschatz erweitert, sondern rein gar nichts gemacht. Der Versuch ist es also immer wert, finde ich.

> Wir können Fehler machen und trotzdem gute Vorträge halten.

BRÜCKEN BAUEN

Sich Brücken zu bauen, ist eine bewährte Methode, um aus der Komfortzone immer wieder herauszutreten. Brücken ermöglichen es, in Kontakt mit anderen zu kommen. Ich habe Patrick Reymann 2019 auf einem Seminar kennengelernt. Er begleitet mit seinem Unternehmen Momentesammler[8] große Speaker-Events wie beispielsweise das Greator Festival[9] in Köln. 2023 war er der einzige Fotograf, der Fotos von dem weltweit bekannten Speaker Tony Robbins machen durfte. Auf seinem Instagram-Account hatte Patrick einen Post erstellt, in dem er erzählte, dass es ihm früher sehr schwergefallen sei, aus der Komfortzone heraus und mit anderen in Kontakt zu treten. Heute organisiert er große Netzwerkveranstaltungen. Darüber, wie wir Schüchternheit überwinden können, wollte ich unbedingt mit ihm reden. Also bat ich Patrick um ein Telefonat und wurde von ihm unwillentlich gleich einmal aus meiner Komfortzone gebracht, indem er vorschlug, dann doch gleich ein Instagram Live zu machen. Es gibt eine Sache, die mich regelmäßig aus meiner Komfortzone katapultiert: die liebe Technik. Ich hatte noch nie selber ein Instagram Live gemacht, Grund genug, im ersten Moment zögerlich zu reagieren. Dann aber musste ich laut über mich lachen. Regelmäßig spreche ich von der Vergrößerung der eigenen Komfortzone, nur um im konkreten Fall festzustellen, dass etwas tun doch viel schwieriger ist, als darüber zu reden. Also ließ ich mich auf den Vorschlag ein und Patrick und ich trafen uns vor laufender Kamera.

Er habe sich, so erzählte Patrick, durch die Fotografie vom schüchternen Schulschwänzer zum erfolgreichen Fotografen und Unternehmer entwickelt. Früher sei er introvertiert und schüchtern gewesen. Als junger Programmierer und Entwickler ist er seiner Freude, der Fotografie, gefolgt. So hat er in seiner Kamera und der Liebe zur Fotografie ein Tool gefunden, durch das er Selbstvertrauen erhalten und andere Menschen und Business-Partner kennenlernen konnte. Durch Auftragsarbeiten gelang es ihm, seine Introvertiertheit und Schüchternheit immer wieder so weit zu durchbrechen, dass er sich Menschen zum Beispiel auf Veranstaltungen nähern und in Kontakt mit ihnen kommen konnte, etwas, das ihm für lange Zeit fast unmöglich war. Bald spürte Patrick, welche große Bedeutung dieser Schritt für ihn hatte, vor allem im Hinblick auf das Business, das er für sich gewählt hatte. Nach und nach konnte er sich immer weiter öffnen und empfindet heute keine Scham mehr, weiß mit seiner Schüchternheit umzugehen und kann Dinge tun, die ihm wichtig sind. Gefühle spricht Patrick offen an. Das hat ihm nebenbei geholfen, seine Produkte besser zu verkaufen, dafür auf andere zuzugehen und sicher zu sein, dass er damit gute Resultate erzielt. Auf diese Weise ist es ihm gelungen, viele Menschen kennenzulernen und sogar Freundschaften zu schließen. Auch introvertierte Menschen, so meint Patrick, suchen und brauchen den Kontakt zur Gesellschaft. Heute weiß er genau, was er braucht und was nicht.

Sich eine eigene Brücke zu bauen, gibt uns ein Tool an die Hand, mit dem wir es schaffen, unsere Komfortzone regelmäßig zu verlassen und deren Radius allmählich und nachhaltig zu erweitern. Was für Patrick die Liebe zur Fotografie war und ist, ist für andere etwas ganz anderes. Das, worum es geht, ist, »unser« Thema zu finden, »unser« Instrument, die uns wichtigen und interessierenden Dinge, um daraus die Brücken bauen zu können, die den Weg zu den anderen öffnen. Sport, eine Firma, geteilte Werte und Ziele, die lokale Anbindung oder das lokale Engagement, die Vorliebe für eine Musikrichtung oder andere kulturelle Schwerpunkte – all das kann zu einem verbindenden Element werden.

Eine meiner Projektpartnerinnen, Professor Dr. Alexandra Wuttig, ist Kanzlerin der IU Internationale Hochschule in München und Professorin für Entrepreneurship. Sie setzt sich gemeinsam mit Sabrina Micklich, Projektleiterin Entrepreneurship & Innovation, mit dem Projekt »we Female Founders«[10] für Diversität und digitale Innovationen ein. Als Juristin mit Berufserfahrung im Bereich Unternehmertum, digitale Innovation und Gründung ist es Prof. Dr. Alexandra Wuttig eine Herzensangelegenheit, Gründerinnen zu unterstützen. Beide Frauen sprühen geradezu vor kreativen Ideen. Vor dem Start eines Projekts stehen immer wieder die gleichen Arbeitsschritte an. Für die Umsetzung benötigen sie Sparringspartner und -partnerinnen, um möglichst schnell ein großes Netzwerk aufbauen zu können. Dazu müssen Fragen geklärt werden wie: Was sind die gelebten Werte des neuen Projektes? Wer teilt sie? Wer sonst setzt sich für Gründerinnen und digitale Innovationen ein? Welche Unternehmen haben genau diese Zielgruppe im Visier und könnten Interesse an einer Zusammenarbeit haben? Geteilte Werte und Gemeinsamkeiten stellen in diesem Fall eine Brücke zu anderen dar, die es ermöglicht, in Kontakt zu treten.

Auch das gemeinsame Unternehmen kann eine Brücke zur Kontaktaufnahme sein. Auf einer Veranstaltung saß ich neben ei-

nem jungen Mann, der durch seine positive Ausstrahlung auffiel, von der gefühlt die gesamte Umgebung eingenommen war. Wir hörten den Vortrag eines CEO, zu dessen Konzern der junge Mann in wenigen Monaten wechseln wollte, wie er mir im Anschluss, als wir ins Gespräch gekommen waren, erzählte. Ich hatte mich am Abend zuvor zufällig auf einer Abendveranstaltung ausgerechnet mit diesem CEO lange unterhalten. Daher bot ich an, die beiden noch auf der Veranstaltung miteinander bekannt zu machen. Es hätte ein kurzes »Hallo, ich fange im Januar in Ihrem Unternehmen an und freue mich darauf« sein können und beide Gesprächspartner wären wieder auseinandergegangen. Doch diesmal traute der junge Mann sich nicht. Aber ich bin mir sicher, dass er dadurch, dass er kurz darüber nachdenken konnte, eine erneute Gelegenheit auf jeden Fall für sich nutzen wird.

Über welche Brücke und welche Stufen du dich verbinden willst, entscheidest du selbst.

KURZ UND KNAPP: DIE SACHE MIT DER KOMFORTZONE

- Menschen um etwas zu bitten, liegt oft außerhalb der Komfortzone.
- In der Komfortzone fühlen wir uns sicher und wohl, außerhalb spüren wir Überforderung und Ängste.
- Für eine dauerhafte Vergrößerung der Komfortzone sollten Ängste zugelassen, Neugier für das Unbekannte entwickelt und die Herausforderung mit einem Purpose verbunden werden. Mentoren und Mentorinnen können hierfür innere Stärke aufbauen helfen.
- Ruhephasen und Ernährung, Atmung, Stimmübungen und das Durchdenken eines Worst Case sind Balsam für die Nerven vor einem wichtigen Termin.
- Um aus der Komfortzone heraustreten zu können, hilft es, sich Brücken zu bauen.
- Sport, Werte, Hobbys, lokale Anbindung und vieles mehr können die Stufen einer Brücke sein.

3

DIE OPTIMALE VORBEREITUNG

ZEIGE DEIN WARUM UND DEINEN BEDARF

Sieben Sekunden braucht es laut Studien, bis sich bei einer Person der erste Eindruck von einer anderen Person bildet. Sieben Sekunden sind ein denkbar kurzer Moment, aber immerhin ein kurzer Spielraum, den wir für uns nutzen können. Jedoch nicht nur diese wenigen Sekunden bieten sich uns als Möglichkeit, den Verlauf einer Begegnung oder eines wichtigen Gesprächs zu beeinflussen und mit zu kontrollieren. Auch sorgfältige Vorbereitung und zügige Nachbereitung spielen hier eine wesentliche Rolle. Insbesondere die Qualität unserer Vorbereitung entscheidet über den Verlauf eines Gesprächs. Grundsätzlich ist es eine Frage des Respekts, die Zeit von anderen nicht unnötig zu strapazieren. Das heißt, die Darstellung eines Anliegens sollte möglichst klar und prägnant und in kurzen und knappen Worten gehalten sein. Es ist also zunächst an uns, unsere Hausaufgaben, sprich eine Gesprächsvorbereitung, zu machen, bevor wir überhaupt Kontakt zu potenziellen Gesprächspartnern aufnehmen. Erst, wenn wir uns wirklich gut vorbereitet fühlen, ist die Voraussetzung für ein effektives Gespräch gegeben. Bei einem Marathon laufen wir auch nicht einfach los.

In seiner Funktion als Unternehmer und Stifter[11] erreichen Alexander Otto jeden Tag Dutzende E-Mails mit den unterschiedlichsten Anfragen. Auf die Frage, welche Menschen für ihn den Unterschied machen, verweist Alexander sofort darauf, dass eine gute Vorbereitung entscheidend sei. In den meisten Fällen stelle sich gleich zu Beginn eines Gesprächs heraus, ob ein Gegenüber sich gut vorbereitet hat. Das zeige sich in einer personalisierten und direkten Ansprache und dem Aufbau und Inhalt einer Präsentation, die kurz gehalten und mit sinnvollen Fragen an die Adressaten verbunden ist.

> »Die Kunst des Bittens ist die Fähigkeit, sich in andere hineinzuversetzen und sich gut vorzubereiten.«
>
> Alexander Otto

WAS EINE GUTE VORBEREITUNG AUSMACHT

Am Anfang steht die fundierte Recherche zu potenziellen Ansprechpartnern und -partnerinnen. Auf dieser Grundlage kann die Darstellung des Anliegens ausgearbeitet und ein Call-to-Action formuliert werden. Informationen über andere Personen einzuholen – ein Punkt, den ich später noch genauer ausführen werde –, sollte nicht nur als formaler Akt, sondern als ein empathischer Zug verstanden werden. Denn nur, wenn wir uns in andere einfühlen können und verstehen, welche Themen sie interessieren, können wir uns in unseren Gesprächen wirklich auf sie einstellen. Auch für die Darstellung unseres Anliegens ist es wichtig, nicht nur formal exakt einen Inhalt zu präsentieren, sondern diesen möglichst in eine Art dramaturgischen Aufbau einzubetten. Der Begriff Dramaturgie wird normalerweise im Theater oder bei einem Film verwendet. Es geht dabei um den Aufbau von Handlungsabläufen, um Geschichten interessant aufzubauen. So entsteht eine Geschichte, die den Kern unseres Anliegens anschaulich macht und leichtgängig transportiert. Das wiederum erhöht die Chance, dass unsere Anfrage nicht nur zur Kenntnis genommen, sondern womöglich begeistert aufgenommen wird. Mit einem abschließenden klar formulierten Call-to-Action versehen wir das Ganze schließlich noch mit einem konkreten Handlungswunsch.

AUF DEN START KOMMT ES AN

Gehen wir von der Sieben-Sekunden-Regel aus, bleibt uns also für einen Pitch nur ein winziger Auftaktmoment, der darüber entscheidet, ob wir die Aufmerksamkeit der Zuhörenden für uns und unser Anliegen gewinnen – oder eben nicht. Nur wenige Sekunden, die den Verlauf der gesamten Vorstellung zumindest mit beeinflussen. Ich stelle mir für den Beginn eines Gespräches gerne das Bild eines Hubschraubers vor, der durch den von den Rotoren erzeugten Auftrieb senkrecht nach oben startet. Heißt übertragen auf einen Pitch: Starte mit voller Kraft in die Vorstellung deines Vorhabens, nutze sie, um deine Gesprächspartner und Gesprächspartnerinnen von Anfang an aufmerksam zu machen, wenn nicht zu begeistern. Halte die Dynamik und folge nach erfolgreichem »Senkrechtstart« deiner vorab festgelegten »Flugroute«.

Beispiel: Gemeinsam Kindern in Südafrika die Möglichkeit eines Frühstücks bieten:

> *Liebe …,*
>
> *gerade komme ich von meiner Urlaubsreise aus Südafrika wieder. Durch den Ziehsohn meiner Freundin hatte ich die Möglichkeit, eine Schule zu besuchen, die von Kindern aus sehr armen Verhältnissen besucht wird. Mit nur 25,00 Euro war ich in der Lage, für die gesamte Klasse ein Frühstück zu organisieren. Jetzt bin ich auf der Suche nach Mitstreitern und Mitstreiterinnen, die mithelfen möchten, die Bedingungen für diese Kinder zu verbessern. Jede Hilfe zählt. Ich freue mich über alle, die mitmachen möchten, und lade dich herzlich zu einem ersten Infoabend am XY ein. Bei Rückfragen stehe ich dir jederzeit zur Verfügung.*
> *Herzliche Grüße*

Die Dramaturgie deiner Präsentation sollte eingängig und überzeugend sein, sodass sich dein Pitch im Gedächtnis deiner Zuhörerschaft verankern kann. Damit schaffst du die besten Voraussetzungen für den weiteren Verlauf eines Gesprächs. Und wie der Hubschrauber, der nicht nur senkrecht startet, sondern fast auch so landet, solltest auch du innerhalb des festgelegten Timings einen punktgenauen Abschluss finden.

FLUGROUTE DEINES PITCHS

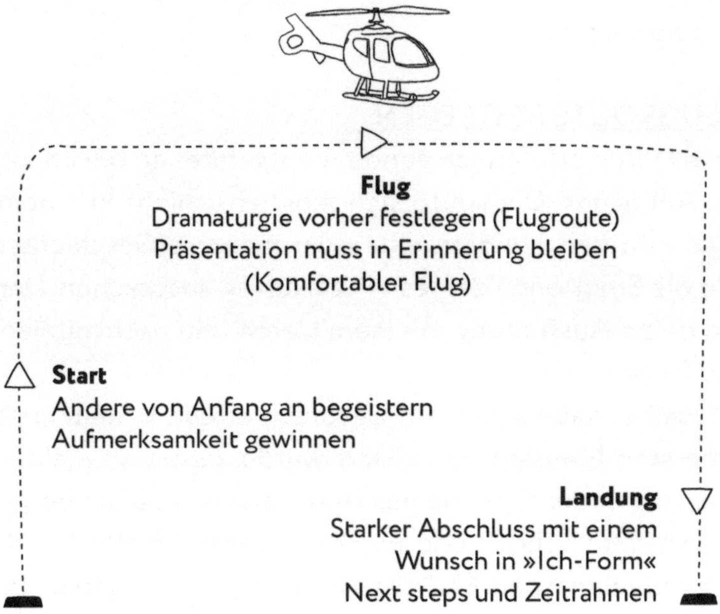

Wenn du um das Gespräch gebeten hast, ist es auch an dir, einen guten Gesprächseinstieg zu finden. Damit gibst du einen Rahmen vor. Je klarer der ist, desto intuitiver kannst du anschließend pitchen und deinen Rahmen auch ausdehnen. Zu Beginn bietet es sich an, sich kurz mit Namen vorzustellen, um dann aber gleich über die Brücke zu gehen, sprich die Verbindung zum Gegenüber aufzuzeigen. Etwa mit: »Wir kennen uns aus dem Sportverein«, oder: »Wir haben uns letzte Woche auf dem OMR (Online Marketing Rockstars) Festival getroffen und über unser Projekt xyz gesprochen.« Oder: »Auch wir haben die Vision, Diversität zu fördern.« Schon hier zahlt sich deine Recherche zur Person aus deiner Vorbereitung aus, dein Check, ob es ein Match gibt, auf das du im Gespräch eingehen kannst. Wenn es dir hier gelingt, deine Zuhörer und Zuhörerinnen für dich einzunehmen, hast du die erste Hürde genommen.

DIE FLUGROUTE FESTLEGEN

Ist diese Hürde erfolgreich genommen, geht es an die Erläuterung deines Anliegens. Die sollte sich möglichst nicht in einem Zahlenwerk verlieren, sondern eine oder mehrere Geschichten bieten, die die Emotionen deines »Publikums« ansprechen. Dennoch sollten deine Ausführungen einem klaren und nachvollziehbaren Aufbau folgen.

Ich selbst habe schon ein Gespräch erlebt, in dem mir gleich in den ersten Minuten signalisiert wurde, dass sich meinem Gesprächspartner der Kern meines Anliegens nicht erschließe. Nach überwundenem Schock und einem Neustart konnte ich meinen Punkt deutlich machen. Ehrlicherweise muss ich zugeben, dass ich in diesem Pitch nicht gut vorbereitet war. Nicht, weil ich mir nicht die Zeit genommen habe, alles über meinen Gesprächspartner zu recherchieren – nein, ich wusste fast alles, was es zu finden gab. Mein eigenes Anliegen hatte ich für mich selbst nicht bis ins Letzte durchdacht. Ein erfolgreiches Gespräch bedarf also nicht nur einer guten Vorbereitung in Bezug auf die andere Person, sondern auch auf die eigene Aussage. Inhalte sollten nicht zu kompliziert dargestellt werden.

Simplify your message.

DIE ERWARTUNGEN VON UNTERSTÜTZENDEN

Alexander Otto ist nicht nur CEO der ECE Group GmbH & Co. KG[12]. Er ist auch Stifter und unterstützt mit der Dorit & Alexander Otto Stiftung[13] und der Alexander Otto Sportstiftung[14] zahlreiche gesellschaftliche Projekte. Auf meine Frage, worauf er bei der Auswahl der geförderten Projekte besonders achte, nannte er vier Punkte, auf die es ihm besonders ankomme:

1. Das **Ziel des Projektes**: Sind die Ansätze innovativ und interessant? Welchen Hintergrund hat das Projekt? Sind die Kriterien nachvollziehbar?
2. Die **Menschen hinter dem Projekt**: Sind die Verantwortlichen mit Leidenschaft dabei?
3. Der **Leumund des Projektes:** Gibt es Unterstützung von anderer Seite dafür und wird es angenommen?
4. Der **Impact des Projektes:** Welche Art und welchen Grad an Wirkung kann es erzielen – unabhängig von seiner Größe und Reichweite? Auch kleindimensionierte Projekte können nachhaltige Ergebnisse mit einem großen Impact erzielen.

Stefan Schöbi, CEO von StiftungSchweiz[15], hat 2012 den Migros-Pionierfonds aufgebaut, geleitet und vor seinem Wechsel zu StiftungSchweiz das gesamte nationale gesellschaftliche Engagement der Migros-Gruppe verantwortet. Stefan hat eine Vielzahl

Nicht das,
entscheidend,
Gefühl, das
anderen

was du sagst, ist
sondern das
du bei
hinterlässt.

an Projekten gefördert. Auf die Frage, was für ihn entscheidend ist, wenn Menschen um Unterstützung bitten, nennt Stefan als Erstes die **Darstellung der Vision**: »Hier zeigt sich, wer seine Vision kennt und sie pitchen kann.« Es gehe dabei schließlich nicht um irgendwelche Aktivitäten, die verkauft werden sollten, sondern um den Versuch, neue gesellschaftliche Perspektiven zu etablieren. Das sollten Verantwortliche für gesellschaftliche Projekte glaubwürdig kommunizieren können, wenn sie andere dafür gewinnen möchten. »Die Währung ist, mit welcher Begeisterung du deine Vision kommunizieren kannst.« Dabei sollten Initiatoren und Initiatorinnen zeigen, was erfüllt sein muss, damit eine Vision wahr wird. Denn in der Non-Profit-Welt gehe es darum, so Stefan Schöbi, dass Menschen ihr Verhalten ändern: »Ansonsten leisten wir nur Symptombekämpfung.«

Genau wie bei Alexander Otto kommt für ihn an zweiter Stelle die **Darstellung des Teams**: »Veränderung macht man nie alleine – auch, wenn es Menschen braucht, die sich nach vorne stellen.« Nach seiner Erfahrung schafft Veränderung auf Dauer kein Mensch alleine. Es würden regelmäßig diejenigen gewinnen, die ein Projekt oder eine Idee als Team präsentieren. Dadurch werde auch gezeigt, dass unterschiedliche Kompetenzen hinter einem Team stecken: »Gute Investoren und Investorinnen bewerten nicht die Idee, sondern das Team. – Nach 100 Projekten, die wir bei der Migros gefördert haben, ahnte ich im Gespräch bereits nach zwei Minuten, ob Menschen die große Vision auch auf den Boden bringen oder nicht.« Es sei daher wichtig, das Team zu zeigen und nicht zu verbergen.

Der dritte Punkt, den Stefan Schöbi für die Kunst des Bittens als entscheidend betrachtet, ist, ob Projektverantwortliche **Rückmeldungen von Unterstützenden ernst nehmen** und gegebenenfalls Anpassungen bei ihren Projekten vornehmen. Auf diesen letzten Punkt werde ich im sechsten Teil dieses Buches noch einmal gesondert eingehen.

Annette Heuser ist Vorständin der Beisheim Stiftung[16] und Vorstandsvorsitzende des Bundesverbands Deutscher Stiftungen[17]. Die Stiftung fördert Projekte, die, so ist auf der Website zu lesen, »Menschen dabei unterstützen, ihr Potenzial zu entfalten und ein selbstbestimmtes Leben zu führen – unabhängig von ihrer Herkunft und ihrem sozialen Umfeld«. Die von der Stiftung geförderten Projekte sind in den Bereichen Bildung, Gesundheit, Kultur und Sport angesiedelt. Auf meine Frage, welche Informationen Projekte neben einem Abgleich mit dem Stiftungszweck präsentieren sollten, nennt Annette Heuser die folgenden Punkte:

1. Die **Originalität der Idee**: Bietet das Projekt einen neuen Zugang zu gesellschaftlichen Herausforderungen? Trägt es dazu bei, wirkungsvoll einen Bedarf zu decken?
2. Die **Kommunikation** mit Projektverantwortlichen: Sind sie in der Lage, während eines Projektverlaufes regelmäßig im Dialog zu bleiben, ohne dabei die Berichterstattungen zu überladen?
3. Die **Personen hinter dem Projek**t: Was ist den Projektverantwortlichen – insbesondere von großen Projekten mit hohen Fördersummen – wichtig? Sind sie in der Lage, zu überzeugen, und sind ihre Werte deckungsgleich? Werden die Teams gut von ihnen geführt?
4. **Die vorhandenen Netzwerke:** Sind für die Projekte ausreichend Netzwerke aufgebaut, als wirkliches Kapital und essenzielle Grundlage für die Weiterentwicklung?

»Eine gute Kommunikation
ist das beste Sicherheitsnetz
in Krisenzeiten.«

Annette Heuser

AUFBAU EINER PRÄSENTATION

Aus dem bisher Gesagten ergeben sich für eine Projektpräsentation die folgenden wesentlichen Bestandteile:

- **Darstellung der Vision**
- **Vorstellung des Teams und der Projektverantwortlichen**
- **Präsentation anderer unterstützender Personen und Institutionen**
- **Darlegung des zu erzielbaren Impacts**

Einmal verstanden, was Menschen erwarten, wenn wir unser Herzensprojekt präsentieren, stellt sich als Nächstes die Frage, wie wir die Informationen so aufbauen, dass wir andere mitreißen. Der Autor und Unternehmensberater Simon Sinek hat vor einigen Jahren, angelehnt an sein gleichnamiges Buch, den sehr inspirierenden TED Talk »Start with why – How great leaders inspire action« gehalten und damit Millionen Menschen auf YouTube erreicht. Darin stellte er seine wegweisende Methode »The Golden Circle« vor, mit der es gelingt zu zeigen, weshalb einige Persönlichkeiten und Organisationen in der Lage sind, mit ihren Reden andere zu inspirieren und mit ihren Projekten erfolgreich zu sein, und andere wiederum nicht. Inspirierende Führung, so Sineks Erkenntnis, konzentriere sich nicht nur auf das Was und Wie des eigenen Tuns, sondern vermittle vor allem das Warum des Handelns. So verbinde erfolgreiche Unternehmen wie Apple und beeindruckende Persönlichkeiten wie Martin Luther King, dass sie vor allem durch die Darstellung ihrer Vision und ihres Warums in der Lage waren, zu überzeugen und zu inspirieren. Dieses Prinzip inspirierender Kommunikation machte Sinek immer wieder als Grundlage erfolgreicher Organisationen aus. Er hat festgestellt, dass in begeisternden Reden immer nach dem gleichen Muster gedacht, gehandelt und kommuniziert wird. Diejenigen, die sich nicht nur auf ihren USP (Unique Selling Proposition = Alleinstellungsmerkmal) fokussieren, sondern auch zeigen, warum sie das tun, reißen andere mit. Sineks These ist also, dass die inspirierenden Persönlichkeiten, unabhängig von der Größe ihres Geschäftes oder Projekts, sich nicht nur ihres Warums bewusst sind, sondern es an erste Stelle setzen und danach ihr Wie und ihr Was präsentieren.

> »Menschen kaufen nicht, was du machst. Sie kaufen, warum du es machst.«
>
> Simon Sinek

Was können wir nun von Simon Sineks Ansatz für die Vorbereitung persönlicher Gespräche und die Kunst des Bittens lernen? Und inwieweit kann dieses Modell nützlich sein für die Präsentation von Informationen, die in der Lage ist, andere zu fesseln und mitzureißen? Tatsächlich lässt sich Simon Sineks Methode »Start with why« leicht modifiziert auch für die Darlegung eines

Herzensprojektes, für das wir Unterstützung benötigen, anwenden. Das Denkmodell des Golden Circle liefert uns im Grunde eine Erfolgversprechende kommunikative Strategie, anhand derer wir ein Vorhaben präsentieren können. Diese Strategie trägt sowohl zur Selbstverständigung als auch zur Außendarstellung bei. Das heißt, wir können uns damit sowohl selbst Klarheit verschaffen über Motiv und Ziele unseres Projektes und es anderen gleichzeitig nachhaltig vermitteln. Wir werden später sehen, dass das Denkmodell auch die Grundlage sein kann für jede PowerPoint-Präsentation oder Website.

Wie die Abbildung zeigt, steht die Vision unseres Herzensprojekts im Zentrum unserer Darstellung. Ist sie umschrieben, erläutern wir, warum wir diese Vision als wichtig erachten und was unser Purpose, unser Zweck ist. Was treibt uns an? Welchen Sinn erkennen wir in unserem Vorhaben? Und welchen Impact auf die Gesellschaft hat unser Projekt? Im dritten Schritt geht es um die Erklärung, wie wir das Projekt realisieren wollen. Was unterscheidet uns dabei von anderen? Welches Team ist daran beteiligt? Es geht um die Umsetzung unserer Pläne. Abgeschlossen wird die Darstellung unsers Anliegens durch die Erläuterung des Bedarfs, der möglichst genau skizziert sein sollte. Sollten wir dazu eine Bitte haben, ist es ganz wichtig, sie zu erwähnen, sodass klar kommuniziert ist, dass und was wir an Hilfe benötigen.

DEFINIERE DEINEN BEDARF

Wenn wir andere um Unterstützung bitten wollen, sollten wir uns zuerst darüber klar werden, welche Art der Unterstützung wir für unser Projekt benötigen. Brauchen wir einen Rat für die Durchführung einer öffentlichen Veranstaltung? Suchen wir jemanden in unserem Netzwerk, der uns bei der Erstellung eines Flyers helfen

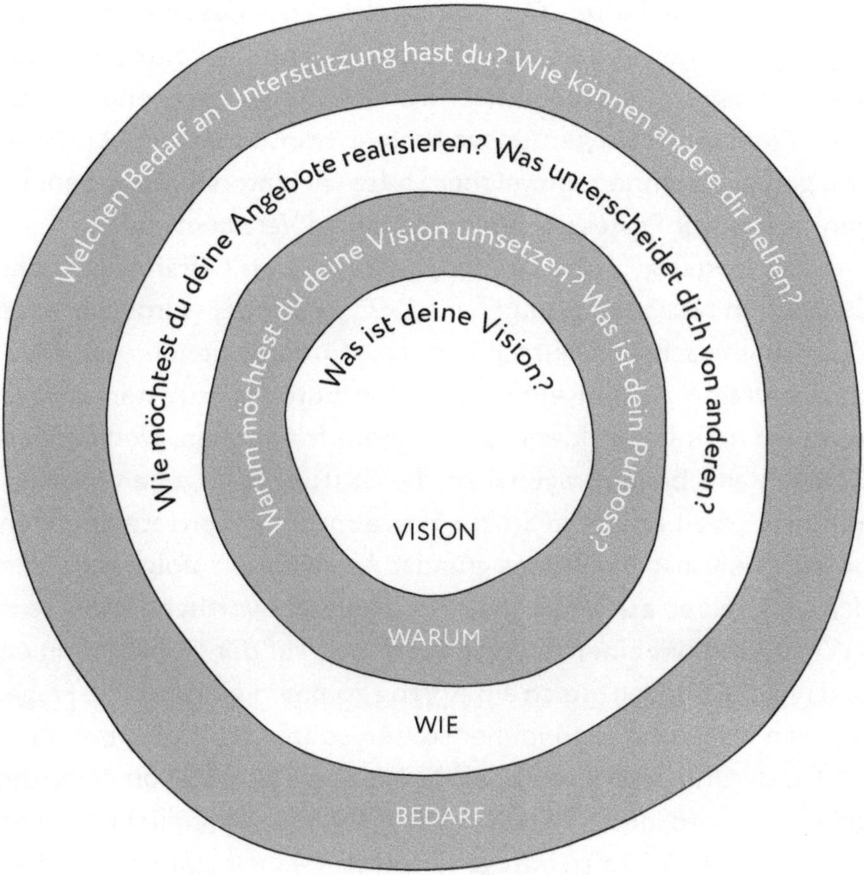

kann? Ober benötigen wir finanzielle Unterstützung, um unsere Arbeit weiterführen zu können?

Je klarer wir kommunizieren, was wir möchten, desto eher können wir herausfinden, ob wir mit unserem Gegenüber matchen. Ich habe viele Gespräche miterlebt, in denen es Menschen schwergefallen ist, klar zu kommunizieren, welche Bitte sie konkret an die andere Seite hatten. Oftmals lag das daran, dass die Bittenden selbst gar nicht wussten, was genau sie eigentlich wollten. Eine für alle Beteiligten zeitraubende und äußerst unbefriedigende Situation. Wenn wir dagegen unser Projekt transparent präsentieren und genau benennen, an welcher Stelle wir Unterstützung benötigen, zeigen wir Professionalität und bauen Vertrauen auf.

Das bestätigt auch Dr. Agata Klaus, Geschäftsführerin der Deutschen Nationalstiftung[18], die 1993 gegründet wurde, um »das Zusammenwachsen Deutschlands (zu) fördern, die Idee der deutschen Nation als Teil eines vereinten Europas (zu) stärken und zu einer nationalen Identität in einem friedlichen, weltoffenen Deutschland bei(zu)tragen«, so die Stiftung in eigenen Worten. Für ihre Arbeit muss die Stiftung regelmäßig um private Spenden bitten. Die Kunst des Bittens gründet Agata Klaus zufolge vor allem darauf, konkret zu sagen, was Projektverantwortliche möchten: »Wir sollten bei einer Ansprache schnell auf den Punkt kommen und unser Anliegen gleich am Anfang kommunizieren.« Die Frage, die man sich vorab also immer stellen sollte, ist: Wofür benötige ich Geld? Und je konkreter das Bild gezeichnet wird von dem, was gebraucht wird, desto besser: »Mit 1000 Euro ermöglichen wir es einem Jugendlichen aus Bulgarien, nach Weimar zu reisen und an einem Workshop teilzunehmen.« Auch oder sogar gerade bei größeren Summen sei es wichtig, den konkreten Zweck zu benennen. »Mit 50 000 Euro können wir für 50 Jugendliche aus Europa ein einwöchiges Camp realisieren, auf dem sie sich austauschen und kennenlernen können. Ein derartiges Angebot zahlt auf unser Stiftungsziel eines vereinten Europas ein.«

Auch mit Tatjana Kiel, CEO von Klitschko Ventures[19] und Geschäftsführerin von #WeAreAllUkrainians[20], habe ich über das

Thema »Bedarfe« gesprochen. Dieses Gespräch ist mir besonders nahegegangen. Ihre gemeinnützige GmbH ist aus einer Ad-hoc-Initiative von Dr. Wladimir Klitschko und Tatjana Kiel in den ersten Kriegstagen im Februar 2022 heraus entstanden und setzt heute neben Sofortmaßnahmen vor allem nachhaltige große Hilfsprojekte um und unterstützt ukrainische Geflüchtete in Deutschland. 2023 ist eine weitere große Aufgabe hinzugekommen: #WeAre AllUkrainians arbeitet mit Hochdruck daran, ukrainische Kinder, die auf russisches Gebiet verschleppt worden sind, wieder zurückzuholen. Als Tatjana mir von diesem Projekt berichtet, kommen mir die Tränen. Doch wir kommen zurück zum Thema Bedarfe. »Es gab damals nicht die Idee, eine Initiative zu gründen«, erklärt Tatjana, »der Krieg hat begonnen und das Einzige, was wir die Klitschkos fragen konnten, war: Wie können wir unterstützen?« Schnell hatte Tatjana die Antwort erhalten: »Wir brauchen Lebensmittel, wir brauchen Hilfe, wir haben Bedarfe, die nicht gedeckt sind. Könnt ihr uns unterstützen?« Bedarfe erkennen und handeln heißt es auf der Website von #WeAreAllUkrainians. Bedarfe zu erkennen, diese zu kommunizieren und zu handeln, ist eine der wichtigsten Aufgaben in Tatjanas Augen. Am Anfang halfen beispielsweise vor allem Spenden, große Mengen an Essen und medizinischer Versorgung. Jeden Tag hat das Team dazugelernt. Wladimir Klitschko und verifizierte Kontakte übermitteln regelmäßig, was dringend benötigt wird. Dabei sei es, so erklärt Tatjana, für die Kooperation mit unterstützenden Unternehmen »von großer Bedeutung, nicht nur die gemeldeten Bedarfe, sondern auch die vor Ort verfügbare Logistik sowie die Weiterverteilung in der Ukraine genau zu kennen. Nur dann können wir Organisationen gezielt um Unterstützung bitten.« #WeAreAllUkrainians erhält Unterstützung in vielfältiger Form. Geldspenden können besonders effektiv, kurzfristig und auf den Bedarf zugeschnitten eingesetzt werden. Sachspenden können beispielsweise nur noch in großen Mengen auf Paletten angenommen werden. Aber auch Lkws für die Lieferung von Waren werden benötigt. Nicht nur die Bereitstellung einzelner Fahrzeuge ist eine Hilfe, auch Versicherungen und die entsprechenden Nummernschilder werden benötigt. Tatjana sieht es als besondere Herausforderung, Projekte immer im Ganzen zu betrachten.

Tatjana hatte nicht vor, einen Verein oder eine gGmbH zu gründen, sie wollte sich gerne einer Initiative anschließen. Als sie zu Beginn des Krieges merkte, dass es keine geeignete Initiative gab, hat sie nicht lange gewartet, sie hat einfach gehandelt. Sehr schnell hat sie zusammen mit ihrer Co-Geschäftsführerin Dörte Kruppa festgestellt, dass der große Unterschied zu anderen Organisationen ist, dass sie vor Ort ein immenses Netzwerk an Mitwirkenden haben, die ihnen den Bedarf übermitteln können. Die Menschen vor Ort können nicht nur Fragen beantworten, sondern Hilfsaktionen auch schnell umsetzen. Durch dieses Netzwerk kann die Organisation vor Ort handeln und Entscheidungen treffen.

Auch für Andreas Schiemenz, ist die Fähigkeit, das eigene Anliegen in Spendergesprächen klar zu kommunizieren und den Bedarf klar zu beziffern, eine der wichtigsten Skills in der Kunst des Bittens.

Bevor wir mit anderen Menschen in Kontakt treten und sie um Unterstützung bitten, sollten wir uns also darüber klar werden, wofür wir Hilfe benötigen und welche konkreten Erwartungen wir haben.

DIE GUTE LANDUNG

Richtig rund ist ein Gespräch nur, wenn du es rund machst. Das heißt, wenn es dir gelingt, klar zu kommunizieren, wenn du und welche Unterstützung du brauchst.

Im Marketing steht ein Call-to-Action für die direkte Aufforderung, eine bestimmte Handlung auszuführen, wie zum Beispiel ein Produkt zu kaufen oder eine Dienstleistung zu buchen. Im Online-Marketing tauchen Calls-to-Action auf Webseiten häufig als Buttons mit prägnanter Aufforderung an die User auf, einen bestimmten Schritt auszuführen.

Ähnlich klar sollten wir auch eine Bitte formulieren, am besten immer in Ich- oder Wir-Form. Je klarer, deutlicher und präziser sie gehalten ist, desto weniger Raum bleibt für Missverständnisse. Denn den größten Erfolg haben Bitten, wenn sie keine Unklarheiten oder Mehrdeutigkeiten haben. Nur wenn du ganz klar sagst, was du möchtest, versteht der Adressat dein Anliegen und erhält eine reelle Grundlage für seine Entscheidung.

Formuliere deine Wünsche ohne Umschweife und richte sie explizit an dein Gegenüber. Zum Beispiel, indem du sagst: »Wir planen aktuell einen besonderen Abend, zu dem wir junge Gründer und Gründerinnen einladen möchten. Du bist ein erfolgreicher Unternehmer. Wir würden uns von Herzen freuen, wenn du an dem Abend über deine Learnings berichten könntest. Hättest du eventuell Zeit?« Oder: »Um dieses Projekt durchführen zu können, sind wir auf Unterstützung angewiesen. Es wäre großartig, wenn Sie sich gemeinsam mit uns für XY (Spendenzweck) einsetzen könnten. Darüber würden wir uns sehr freuen. Könnten Sie sich das vorstellen?« Oder auch: »Ich habe noch nie so ein Projekt (Herzensprojekt) gemacht. Deine Erfahrungen in diesem Bereich würden mir sehr weiterhelfen. Kannst du mir einen Rat geben, welches die nächsten Schritte sind?«

Vor solcher Offenheit in Bezug auf ihre Bitte scheuen sich viele und verpassen darüber den letzten und vielleicht entscheidenden Schritt hin zu der erbetenen Unterstützung. Denn dem

Gegenüber ist zwar sicher klar geworden, dass ein Bedarf besteht, aber nicht, dass seine konkrete Hilfe gefragt ist. Diese kommunikative Lücke lädt geradezu ein zu Fehlinterpretationen, und das nur, weil eine Bitte nicht klar kommuniziert wurde.

Ohne klar formulierte Bitte keine Hilfe.

Formuliere also im Anschluss an deinen Pitch immer eine konkrete Bitte. Daraus kann sich entweder eine neue Zusammenarbeit ergeben oder du bekommst wertvolle Hinweise für dein weiteres Vorgehen.

ANKÜNDIGUNG DES ANLIEGENS

Um eine Bitte persönlich zu platzieren, kann eine E-Mail als Vorankündigung beziehungsweise zur Terminabsprache dienen. Hierfür genügt es, sich kurz vorzustellen und aufzuzeigen, worum es geht, um dem oder der Angesprochenen schon mal einen ersten Eindruck von Anliegen und Bitte zu vermitteln.

Beispiel einer E-Mail bei einem »kalten« Kontakt

> *Liebe Frau …,*
>
> *ich schreibe für den Murmann Verlag aktuell an meinem Buch »Die Kunst des Bittens – wie du Unterstützung für dein Herzensprojekt findest«.*

Seit fast 30 Jahren arbeite ich im Marketing und Vertrieb. Vor 13 Jahren habe ich meine Liebe für Non-Profit-Projekte entdeckt. Seitdem berate ich Vereine und Organisationen in ihrem Marketing und Fundraising. Die Stiftung Kultur Palast in Hamburg begleite ich bereits seit Beginn meiner Selbstständigkeit.

In den letzten Jahren habe ich durch meine Arbeit gelernt, was es bedeutet, andere um Unterstützung zu bitten – ohne eine Gegenleistung (bis auf das gute Gefühl) anbieten zu können.

Doch nicht nur Stiftungen und Vereine benötigen dieses Know-how. Zu meinen Kunden und Kundinnen gehören auch Gründer und Gründerinnen auf der Suche nach Mentoren und Mentorinnen, die für ihre Herzensprojekte einen Rat und Kontakte benötigen.

Mit meinem Buch möchte ich anderen helfen, die vor ähnlichen Herausforderungen stehen.

Sehr gerne würde ich mit Ihnen ein kurzes Gespräch zu diesem Thema führen und möchte Sie fragen, ob Sie kurz Zeit für mich haben.

Ich freue mich, von Ihnen zu hören, herzliche Grüße
Sabine Heß

Antwort

Liebe Frau Heß,

vielen Dank für Ihre freundliche Mail, das klingt nach einem spannenden Buchprojekt.
Gerne bin ich für ein Zoom oder Telefonat zu haben.

Bei mir würde es morgen oder Donnerstagnachmittag oder Freitagvormittag in dieser Woche gut passen. Haben wir spontan einen Treffer? Wenn nicht, schlagen Sie gerne Alternativen vor.

Herzliche Grüße
Ihre
...

Generell empfiehlt es sich, E-Mails immer noch einmal auf Fehler und vor allem Sinnhaftigkeit zu prüfen. Ist sie für die Angesprochenen, die oftmals ja nicht im Thema sind, verständlich, das Anliegen ohne Weiteres nachvollziehbar?

TELEFONIEREN – ABER RICHTIG

Anders als in E-Mails lässt sich im persönlichen Gespräch – auch am Telefon – die Stimmung des Gesprächspartners besser einschätzen und können Unstimmigkeiten schneller aus der Welt geschafft werden. Daher bin ich ein großer Freund von Telefonaten, zumal dann, wenn ich bereits das starke Gefühl habe, dass eine E-Mail nicht ausreichend ist. Eine jüngere Kollegin fragte mich einmal, ob meine Vorliebe für das Telefonieren vielleicht auch eine Generationsfrage sei, da es in ihrer Generation nicht mehr so selbstverständlich sei, zum Telefon zu greifen. Mag sein, dass sich hier im Zuge der umfassenderen Digitalisierung etwas verschoben hat, das ändert aber nichts an den Vorteilen, die ein persönliches Gespräch hat. Vielleicht ist es so gesehen für jüngere Menschen inzwischen mehr eine Übungssache, Dinge auch wieder am Telefon zu klären.

Im Gespräch – auch am Telefon können wir das, was andere bewegt, besser fühlen und darauf reagieren.

Unabhängig davon, ob wir direkt zum Telefon greifen, um zu fragen, ob es beim Gesprächspartner gerade passt, oder ob wir unseren Anruf vorab per E-Mail ankündigen – »Liebe Frau Müller, ich melde mich morgen Vormittag kurz telefonisch bei Ihnen. Ich würde Ihnen gerne ein kurzes Update unseres Projektes geben« –, in beiden Fällen überlege ich mir vorab, was genau ich von meinem Gegenüber möchte und wie ich kurz und knapp zu meinem Punkt komme. Hierfür notiere ich mir, sofern nötig, ein paar Stichworte. Der Aufbau ist der gleiche wie bei persönlichen Face-to-Face-Gesprächen. Ich sage, worum es geht, stelle die Wichtigkeit der Maßnahmen dar, erläutere die Vorgehensweise und mache meinen Call-to-Action. Allein durch das Aufschreiben meiner »Geschichte« sind alle wichtigen Punkte im Gedächtnis verankert.

Ich selbst nenne bei der Begrüßung immer meinen Vor- und Nachnamen und das Unternehmen, für das ich anrufe. Wenn es sich um einen ganz neuen Kontakt handelt oder ich eine Person anrufe, die normalerweise mit meiner Kollegin zu tun hat oder durch eine dritte Person vermittelt wurde, gehe ich zunächst auf die Verbindung ein: »Wir haben uns auf der OMR kennengelernt und uns noch kurz über mein Thema, die Kunst des Bittens, unterhalten.« Oder: »Sie stehen bereits in Kontakt mit meiner Kollegin Martina Meier, die Sie herzlich grüßen lässt«, oder: »XY hat uns beide netterweise miteinander connected. Vielen Dank, dass Sie sich die Zeit für ein Telefonat nehmen.« Durch eine kurze Einordnung der eigenen Person können wir andere abholen. Auch bei einem angekündigten Anruf frage ich zunächst, ob ein kurzes Gespräch zeitlich jetzt passt.

SCHNELL AUF DEN PUNKT KOMMEN

Ist ein engeres Vertrauensverhältnis gegeben, bietet es sich an, an bekannte Geschichten anzuknüpfen und sich zunächst danach zu erkundigen, wie es unserem Gesprächspartner oder unserer Gesprächspartnerin geht. Damit ich bei längeren Pausen im Kontakt mit anderen wichtige Details wie deren spezielle Projekte, Themen oder auch ihren familiären Hintergrund nicht vergesse, schreibe ich mir stichwortartig Notizen zu den jeweiligen Personen auf. Doch bei aller Vertrautheit ist es empfehlenswert, immer darauf zu achten, schnell zum Punkt zu kommen. Wir dürfen nicht vergessen, dass unsere Anfrage von den Angesprochenen meist außerhalb ihres Kerngeschäfts bearbeitet wird. Sie stellen uns also zusätzlich Zeit zur Verfügung und Zeit ist Geld, wie wir alle wissen. Genau aus diesem Grund ist eine sorgfältige Vorbereitung von unserer Seite auch so wichtig. Wie bei jedem persönlichen Gespräch gebietet es der Respekt, auch am Telefon anderen Personen aufmerksam zuzuhören, sich gegebenenfalls Notizen zu machen und gedanklich nicht ständig vorauszueilen.

Wann es Zeit ist, zum Ende zu kommen, vermittelt sich oftmals durch die Art der Antworten, die wir erhalten. Dann sollten wir auch von uns aus schnell zum Abschluss kommen. Spätestens bis dahin ist es hilfreich, wenn wir klar kommuniziert haben, was wir möchten, unseren Call-to-Action, den wir in der Vorbereitung schon formuliert haben, gesetzt haben.

Sinnvoll ist es, kurz vor Gesprächsende das Gesagte noch einmal zusammenzufassen und zu klären, wie es weitergeht.

ENTSCHEIDEND IST DAS WIE

Auch wenn es merkwürdig klingt: Ob jemand am Telefon lächelt oder nicht, nehmen andere wahr. Die Mimik, die wir zeigen, ist nicht nur eine Folge unserer Emotionen, sondern unsere Emotionen können auch eine Folge der Mimik sein. Bei einem neutralen Gesichtsausdruck schwingen in der Stimme wesentlich weniger Emotionen mit als bei einem Lächeln – auch am Telefon. Der kurze Blick vor einem Telefonat in die Natur oder der Gedanke an eine schöne Situation können ein entspanntes Lächeln hervorrufen, das sich dann im Gespräch positiv bemerkbar machen wird.

Wenn wir dann noch einen möglichst ruhigen Platz zum Telefonieren wählen, nicht laut, aber klar und deutlich sprechen, sind schon mal gute Voraussetzungen gegeben. Es gilt, dass wir der Person am Telefon durchgehend so viel Aufmerksamkeit schenken, wie wir sie uns von ihr wünschen. Also lieber keine E-Mails währenddessen beantworten, schnell einen Happen essen oder sich anderweitig ablenken lassen.

MIMIK BEI EINEM
TELEFONAT

DER UMGANG MIT WEBSEITEN UND SOCIAL MEDIA

Die eigenen Kernbotschaften auf einer Website oder im LinkedIn-Profil auszuformulieren, hat nur Vorteile. Nicht nur, dass Informationen so kommuniziert werden können und Verbreitung finden, man selbst ist durch solch eine Zusammenfassung gezwungen, sich über seine Vision, seine Motivation, seine Bedarfe und seine Etappenziele Klarheit zu verschaffen und zu demonstrieren, wofür man steht. Genau das fällt vielen Menschen schwer, mich eingeschlossen, zumindest bis vor einiger Zeit. Ohne Hilfe von außen, den Austausch mit anderen wäre es mir gar nicht möglich gewesen.

Wenn sich jedoch irgendwann durch die Ausformulierung Klarheit darüber einstellt, was genau die eigene Vision ausmacht und welche Art von Unterstützung man zur Umsetzung benötigt, fällt es uns auch unendlich viel leichter, diese Mission im mündlichen Austausch zu vermitteln. Der Aufwand lohnt sich also in jedem Fall.

Genau an diesem Punkt haben wir bei »we Female Founders«, dem Projekt der IU Internationale Hochschule, das Gründerinnen auf dem Weg zu ihrem Start-up unterstützt, angesetzt. Bei der Frage, wie das Projekt Botschafter und Botschafterinnen, Sponsoren, Referierende und kooperierende Hochschulen finden könnte, haben wir uns dazu entschieden, der Website, die für Female Startups konzipiert war, eine Seite vorzuschalten. Auf der neuen Startseite zeigen wir die Vision, das Warum, das Wie, den Bedarf und wie andere das Projekt unterstützen können. Bei der Entwicklung haben wir uns gefragt, wie wir unsere Vision am besten vermitteln, um damit die Grundlage für einen Netzwerkausbau zu schaffen. Wie das gelingt, könnt ihr auf der Website von »we Female Founders«[21] sehen, wo außer der Vision und dem Bedarf auch die Hauptansprechpartnerinnen vorgestellt werden. Menschen wollen wissen, mit wem sie es zu tun haben.

Ein LinkedIn-Profil hat den Vorteil, dass man sich schnell mit Menschen, die ähnliche Interessen haben, verbinden und über Posts und Kommentare austauschen kann. Hier finden sich zahllose Botschaften von Herzensprojekten, gewinnen Unternehmen Kunden und Kundinnen oder machen potenzielle Mitarbeitende auf sich aufmerksam. Auch Start-ups treten über LinkedIn mit potenziellen Mentoren und Mentorinnen und Investoren und Investorinnen in Kontakt. LinkedIn ist zu einem beliebten Netzwerkportal für die Business-Welt geworden, das bei einem

Netzwerkaufbau hilft, den Kontakt zu potenziellen Matching-Partnern und -partnerinnen aufzunehmen.

DIE LETZTEN VORBEREITUNGEN

Ich weiß vor einem Gespräch genau, was ich sagen möchte. Bevor ich jemanden anspreche, lege ich mir ein oder zwei Einstiegssätze zurecht. Der Einstieg fällt mir dann leichter. Durch eine gute Vorbereitung weiß ich auch, was ich im Verlauf sagen möchte, sodass das weitere Gespräch wie von selbst erfolgt. Wie wir uns Informationen merken, hängt davon ab, zu welchem Lerntyp wir gehören. Manche Menschen lernen vor allem durch Zuhören, bei anderen klappt es besser im Austausch und durch ein Gespräch. Wieder andere merken sich Dinge am besten durch haptische Eindrücke, andere wiederum benötigen dazu Notizen, Skizzen, Grafiken oder Mindmaps. Wahrscheinlich lernen die meisten Menschen durch Mischformen.

Ich merke mir Dinge, indem ich etwas aufschreibe und farblich kennzeichne. Zur Vorbereitung auf mein Marketing-Examen habe ich mir damals auf einem wandgroßen Bild eine Mindmap zum Thema Marketing erstellt. In der Mitte war ein DIN-A3-Papier mit dem Wort »Marketing« und sämtlichen Definitionen befestigt. Rundherum klebten Zettel, auf denen alle marketingrelevanten Bereiche wie Produkt- und Servicepolitik, Distributionspolitik etc. verzeichnet waren. Das Gebilde wurde immer größer, es enthielt alle Informationen des gesamten Lehrbuches. Ich kann auch heute noch, fast 30 Jahre nach meinem Examen, sagen, in welcher Ecke sich die Sortimentspolitik befand. Einmal aufgeschrieben, bleiben Dinge in meinem Kopf.

Die Notizen zu einem Gespräch habe ich bei meinen Terminen immer dabei. Bei Zoom Calls liegen sie offen auf dem Tisch, gebraucht habe ich meine Notizen noch nie.

Es hilft, sich selbst klarzumachen, wie wir uns Dinge merken, und sich dementsprechend auf einen Termin vorzubereiten.

BRIEFING UND TIME-MANAGEMENT

Geht ein ganzes Projektteam zu einem Termin, gehört ein Briefing zu einer guten Vorbereitung. Alles sollte mit allen, die beteiligt sind, durchgesprochen sein. Wer bereitet welche Unterlagen vor, welche Zielsetzung wird vereinbart?

Ein ganz wichtiger Aspekt im Hinblick auf einen souveränen Gesprächsauftritt ist ein guter Zeitplan. Mich persönlich beruhigt eine detaillierte Planung ungemein. In meinem Elternhaus zählte Pünktlichkeit zu einer wichtigen Regel. Deswegen weiß ich sie heute noch zu schätzen, verbinde ich sie doch mit gegenseitiger Verlässlichkeit und Wertschätzung. Damit alles gut klappt, rate ich zu einem genauen Zeitplan, in dem festgehalten ist, wann wer wo sein und wer gegebenenfalls abgeholt werden muss. Ausreichend Zeit einzuplanen, hilft, unnötigen Stress und daraus entstehende Komplikationen zu vermeiden.

KURZ UND KNAPP: DIE OPTIMALE VORBEREITUNG

- Ein wichtiger Termin braucht für gutes Gelingen gute Vor- und Nachbereitung.
- Die Vorbereitung beinhaltet eine Recherche zur Person deines Gesprächspartners oder deiner Gesprächspartnerin, die Darstellung des Anliegens, die Formulierung deines Calls-to-Action sowie die Definition deiner Vision, deines Warum, deines Wie und des Bedarfes.
- Je klarer du kommunizierst, was du willst, desto eher kannst du herausfinden, ob es ein Match gibt mit deinem Gegenüber.
- Nicht auf den Punkt zu kommen, bedeutet, die Gesprächspartner im Unklaren zu lassen über die Wünsche und Erwartungen an sie. Beende ein Gespräch mit deiner Bitte.
- Das dramaturgische Gerüst deines Pitchs besteht – bildlich gesprochen – aus den Teilen Start, Flugroute und Landung.
- Es kommt nicht darauf an, was du sagst, sondern darauf, welches Gefühl du damit erzeugst.
- Eine Gesprächsverabredung kann am besten telefonisch erfolgen. Im kurzen Austausch kannst du eher erspüren, welche Themen deinen Partner oder die Partnerin bewegt, und dich besser vorbereiten.
- Auf Webseiten und in LinkedIn-Profilen kannst du deine Botschaften öffentlich machen.
- Vor einem wichtigen Gespräch sollten alle beteiligten Teammitglieder gebrieft und über die Zielsetzung informiert sein.
- Plane deine Zeit gut ein.
- Last not least: Wiederhole deinen Pitch in der Vorbereitung. Das gibt dir Sicherheit für dein Auftreten.

4

NETZWERKE IDENTIFIZIEREN

DIE BEDEUTUNG EINES GUTEN NETZWERKES

Wenn wir uns durch unsere Vorbereitungen Klarheit darüber verschafft haben, was uns wichtig ist und welche Vision wir haben, sind wir auch in der Lage, die Menschen zur Unterstützung dafür zu suchen, die ein perfektes Match für uns sein könnten. In diesem Zusammenhang kann die Bedeutung eines guten Netzwerkes und das Wissen um Orte, wo wir Menschen finden, die unsere Werte teilen, gar nicht überschätzt werden.

Um Themen oder Entscheidungen erfolgreich umsetzen zu können, bedarf es, so sagt die Spieltheorie, einer kritischen Masse an Menschen, mit denen wir uns austauschen können, die wir als Unterstützer und Unterstützerinnen an der Seite haben.[22] Bei dieser kritischen Masse handelt es sich also um einen Schwellenwert, der erreicht sein muss, um eine Strategie (sprich ein Projekt) in einer gegebenen Situation interagierender Player zum Erfolg werden beziehungsweise sich selbsttragend durchsetzen zu lassen. Das heißt, nicht die gesamte Gruppe muss von der Strategie überzeugt werden, es reicht aus, eine Mindestanzahl an Teilnehmenden dafür zu gewinnen. Für das eigene Networking bedeutet das, dass Personen, die Unterstützung suchen, nicht vor der Herkulesaufgabe stehen, gleich ganze Menschenmengen für sich und ihr Herzensprojekt begeistern zu müssen. Es reicht, wenn wir zunächst eine begrenzte Anzahl Unterstützer und Unterstützerinnen erreichen, die unsere Vision teilen. Sobald sich so der Wert der kritischen Masse eingestellt hat, wird sich die Idee selbsttragend verbreiten und sich wie in einer Kettenreaktion ein relevantes Netzwerk bilden.

AUFBAU EINES RELEVANTEN NETZWERKES

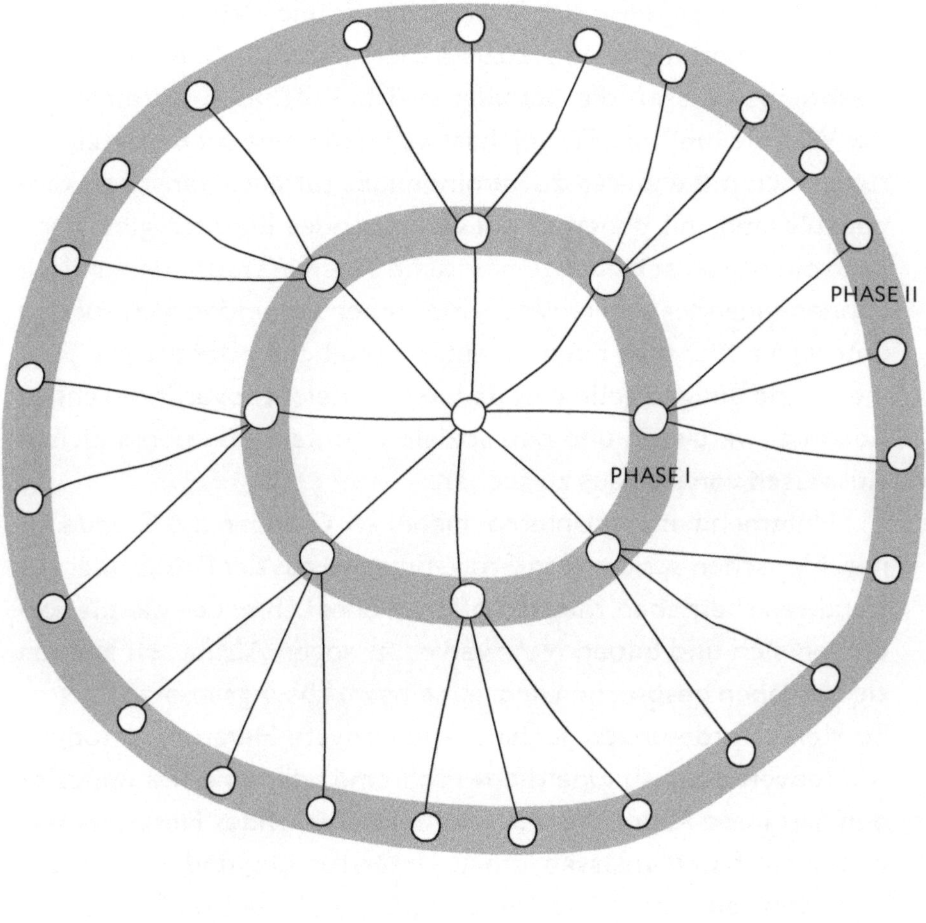

Bis das erreicht ist, gilt es also, über bewusstes Networking Beziehungen aufzubauen, um sich beruflich auszutauschen und sich bei der Erreichung beruflicher Ziele oder auch persönlicher Projekte gegenseitig unterstützen zu können. Daneben kann auch das »unbewusste«, absichtslose Networking eine wichtige Rolle spielen. Gespräche mit anderen Menschen helfen, den eigenen Horizont zu erweitern. Auch aus einer Unterhaltung ohne konkrete Absicht kann sich eine langfristige Beziehung ergeben, die, getragen von Sympathie, in gegenseitige Unterstützung und vielleicht sogar gemeinsame berufliche oder soziale Ziele mündet. Zu Beginn eines Gespräches wissen die Beteiligten dabei oft noch gar nicht, wo der Weg sie hinführt. Für mich ist es immer eine große Bereicherung, mich mit anderen zu verbinden. Es tut gut, Menschen kennenzulernen, mit denen es ein verbindendes Element gibt. Dann kann ein Austausch über gemeinsame Themen stattfinden und wir können einander unterstützen. Menschen verbinden sich auf den unterschiedlichsten Ebenen – über berufliche oder private Themen – und einigen gelingt es dadurch vielleicht sogar, ihren engen Kokon zu verlassen und den sozialen Kontakt und persönlichen Austausch von sich aus zu suchen.

Unternehmer und Unternehmerinnen, Gründer und Gründerinnen, Menschen aus der Non-Profit-Branche, aus der Politik oder aus Handwerksbetrieben, Kunstschaffende oder Lehrende – sie alle verbinden sich und bilden Netzwerke. Im engen Austausch können sie Vorhaben besprechen und gemeinsam Lösungsansätze für große Herausforderungen suchen. Auch private Herausforderungen wie Jobverlust, gesundheitliche Probleme oder eine Trennung finden hier ihren Raum. Wer ein gut funktionierendes Netzwerk hat, wird nicht fallen gelassen, erhält Unterstützung und Bestätigung und kann seine oder ihre Inselposition verlassen und neue Perspektiven und Erkenntnisse gewinnen. Mit dem Rückhalt durch andere lässt sich einfach mehr erreichen.

SYMPATHIE ALS GRUNDVORAUSSETZUNG

Ob Anschauungen geteilt werden und eine Verbindung wirklich Freude bereitet, stellt sich erst in Gesprächen heraus. Allerdings ist geteiltes Interesse für die gleiche Sache allein nicht tragfähig genug, um eine längerfristige Verbindung aufzubauen. Authentisches Networking funktioniert nur, wenn wir einander sympathisch sind. Es empfiehlt sich daher, Menschen, mit denen wir in Kontakt bleiben wollen, nach Sympathie und nicht nach deren sozialer Bedeutung auszuwählen. Äußerlichkeiten wie die Position, die andere innehaben, spielen letztlich keine Rolle, wenn es darum geht, von anderen zu lernen.

In Netzwerken verbinden sich Menschen, die Interessen teilen und Sympathie.

DIVERSITÄT IM NETWORKING

Menschen, die ihre Netzwerke ausbauen wollen, laufen jedoch auch ein wenig Gefahr, sich nur noch in ihrer eigenen Bubble zu bewegen. Hier fühlen sich die meisten wohl, sprechen die gleiche Sprache und treffen auf Gleichgesinnte. Die Diversität der Welt taucht in diesem Fall nicht auf – nicht der ganz andere Blick, die ganz andere Haltung. Dabei würde vielleicht gerade das wertvollen Input für eigene Vorhaben liefern, der mindestens so unterstützend wäre wie die Bestätigung aus der Bubble.

Die Vision des bereits erwähnten Projektes »we Female Founders« ist es, Diversität in der Gründerszene zu fördern. Denn, so auf der Website der Initiative: »Diversität fördert profitable und soziale Geschäftsmodelle«. Dazu werden Frauen in Netzwerktreffen und Mentoring-Sessions gezielt beraten. Unterstützen können andere das Programm als Ambassador, Sponsor, Referent oder

Referentin. Ich habe »we Female Founders« eine Zeit lang beratend zur Seite gestanden. Beim Nachdenken über mögliche Kooperationen für das Projekt konzentrierten wir uns – naheliegenderweise – zunächst auf die Gruppe der Unternehmerinnen. Bis ich empfohlen habe, breiter zu denken. Auch wenn es sich um ein Projekt für Gründerinnen handelt, heißt das ja nicht, dass sich nicht auch Männer finden lassen, die bereit wären, Unterstützung für Gründerinnen zu leisten. Zumal ein Blick auf die Zahlen zeigt, dass der Großteil der Gründenden und CEOs erfolgreicher Unternehmen unverändert männlich ist. Wenn wir einen Rat von Menschen suchen, die den Weg, den wir gehen wollen, erfolgreich gegangen sind, limitieren wir uns, wenn wir von vornherein eine bestimmte Gruppe ausschließen. Mit »we Female Founders« haben wir uns daher auch Rat bei erfolgreichen Unternehmern und Investoren gesucht. Umgekehrt gilt natürlich ebenso, dass es in männerdominierten Branchen von Vorteil ist, den Blick zu erweitern und sich für mehr Diversität zu öffnen.

> Erfolg liegt in der Vielfalt:
> Vielfalt der Geschlechter,
> Haltungen und Meinungen.

Auch Altersgrenzen sollten im Networking nicht voreilig gezogen werden. Bei der Stiftung Kultur Palast, die ich seit 2010 begleite, arbeite ich regelmäßig mit jüngeren Menschen zusammen, was ich als eine große Bereicherung empfinde. Die Gespräche mit einem jungen Kollegium, aber auch mit meinen Kindern und ihren Freunden bieten mir den Zugang zur jüngeren Generation. Deutlich andere Sichtweisen zu Themen wie Arbeiten im Ausland, Gründungen, Work-Life-Balance und technische Lifehacks liefern mir wertvolle Hinweise auch für mein Berufsleben. Ähnliches gilt auch für den Austausch mit der Elterngeneration – je mehr unterschiedliche Ansichten und Lebensmilieus wir für uns suchen und zulassen, desto größer der Gewinn für das eigene Leben. Denn, um es mit einer Definition aus der Musik zu begründen: Harmonie ist der Wohlklang unterschiedlicher Töne.

> Diversität im Networking bedeutet, das breite Spektrum zu suchen – sozial, beruflich, geschlechter-, altersbezogen.

DAUER EINES NETZWERKAUFBAUS

Networking lässt sich nicht von heute auf morgen erledigen. Ein gesundes Netzwerk sollte organisch wachsen und die Zeit, die es dafür braucht, auch bekommen. Das steckt im Prinzip schon im Wort Networking: Es geht um ein Netz, das sich aus vielen Einzelelementen zu etwas Tragfähigem verbindet (net) und dafür Einsatz erfordert (work) und dessen Vorgang nie wirklich abgeschlossen ist (ing). Suchen wir also Mitstreiter und Mitstreiterinnen und Menschen, die uns unterstützen, für ein Projekt, sollten wir den Aufbau eines stabilen Netzwerks rechtzeitig in Angriff nehmen.

Nachdem Klarheit über eine Vision besteht, geht es im nächsten Schritt darum, Menschen zu kontaktieren, die Interesse daran haben und unser Vorhaben womöglich unterstützen können. Dafür empfiehlt es sich, fünf bis 20 Kontakte auszumachen, die genau dem entsprechen. Haben wir den Eindruck, die richtigen Menschen nicht zu kennen, lohnt es sich meistens, doch noch einmal genauer hinzuschauen. Vielleicht gibt es in der Familie oder im Freundeskreis doch jemanden, der oder die wieder Personen kennt, die uns Hinweise und Tipps für die weitere Kontaktaufnahme geben können. Ob es dann in Gruppengesprächen, die zeiteffizienter sind, oder in Einzelgesprächen, die in der Regel mehr Informationen erbringen, zu ersten dauerhafteren Kontakten kommt – beide Fälle bieten eine ideale Gelegenheit, sich schon einmal in der Darstellung eines Vorhabens zu üben, also die besondere Herausforderung und die ersten Ideen zur Vorgehensweise zu präsentieren. Danach heißt es, aufmerksam zuzuhören: den Rückmeldungen zum Projekt und den ersten Vorschlägen zum Umgang mit den Herausforderungen. Diese Feedbacks erweisen sich meist als sehr nützlich und wertvoll sowohl im Hinblick auf den inhaltlichen Stand eines Projekts wie auch auf die weitere Vorgehensweise. Abschließend empfehle ich, mögliche Kontakte der Gesprächspartner zu erfragen, die den weiteren Verlauf des Projekts positiv beeinflussen könnten. Ein Gespräch können wir daher mit der Frage beenden, ob unser Gegenüber weitere Kontakte kenne, die uns einen Rat geben und zur Lösung unserer Herausforderung beitragen könnten. Ihr werdet überrascht sein, wie viele Ideen, Handlungsempfehlungen und zusätzliche Kontaktmöglichkeiten sich dadurch bei solchen Gespräche ergeben. Auf diese Art erweitert sich ein Netzwerk mit der Zeit fast wie von selbst.

MENSCHEN MIT UNSEREN WERTEN FINDEN

Ein Projektpartner klagte mir gegenüber vor einiger Zeit, dass er eigentlich niemanden kenne, den er um Unterstützung bitten könnte. Also sind wir verschiedene Möglichkeiten bei ihm durchgegangen, und siehe da, es ergaben sich plötzlich doch Anhaltspunkte. Auch wenn du denkst, dass du niemanden kennst, dann kennst du vielleicht jemanden, der jemanden kennt, der dir einen Rat geben kann.

MÖGLICHKEITEN, MENSCHEN MIT GLEICHEN INTERESSEN ZU FINDEN

PRIVATE BEKANNTSCHAFTEN, SPORTVEREINE ODER CHÖRE

Vielleicht gehörst du auch zu den Menschen, die Hemmungen haben, ihre engsten Freunde oder ihre Familie für ihre Visionen anzusprechen. Glaubst du nicht, dass es sie interessieren könnte, wenn du wirklich für eine Sache brennst? Oftmals tun sich bei Menschen, die du gar nicht in Erwägung gezogen hast, Kontakte auf, die besonders wertvoll für dich sein können. Als ich mit einer Freundin und zweien ihrer Freunde in einer Bar saß und wir bei den kurzen Updates unserer Arbeitssituationen auf mein Buch zu sprechen kamen, erwähnte einer der beiden jungen Männer ein Gespräch mit einer ihm verwandtschaftlich verbundenen Autorin über die wesentlichen Marketingstrategien im Verlagsgeschäft. Für mich alles Neuland und gerade deswegen so überaus interessant und wichtig. Dadurch, dass ich meinen großen Wunsch, dieses Buch zu schreiben, mit meinem Umfeld teile, habe ich unendlich viele wertvolle Hinweise bekommen. Was ich sagen möchte: Niemand muss seinen »Inner Circle« direkt um Unterstützung bitten. Allein dadurch, dass eine Vision geteilt wird, können ganz unerwartete Informationen, Perspektiven und Möglichkeiten zusammenfließen. Warum also nicht auch im privaten Rahmen über eigene Vorhaben berichten, zumal es hier ja oft sehr leichter fällt als in unbekannten Kreisen. Also: Nicht voreilig die privaten Kontakte fürs Networking ausschließen, oftmals tun sich gerade hier Verbindungen auf, die so im Voraus gar nicht zu planen und abzusehen sind. Deshalb gilt für jedes Herzensprojekt: Trag es bei (fast) jeder Gelegenheit nach außen – wer weiß, was sich an unerwarteten Möglichkeiten daraus ergibt.

LINKEDIN UND CO.

Soziale Medien machen den Einstieg für einen Netzwerkaufbau leicht. Du wählst dein eigenes Tempo und kannst über Reaktionen von den Angesprochenen erst einmal in Ruhe nachdenken. Aber auch hier ist die richtige Vorgehensweise von großer Bedeutung. Standardisierte Massennachrichten sollten tabu sein, alle wissen, wie sehr sie nerven können. Individuell zugeschnitten auf die Angesprochenen, ehrlich in der eigenen Motivation und dabei zügig auf den Punkt kommend – damit habe ich die besten Erfahrungen gemacht.

Schon beim ersten Lesen über »we Female Founders« war ich begeistert vom Angebot des Netzwerks. Über LinkedIn habe ich daraufhin Kontakt aufgenommen zur Initiatorin des Programms, Alexandra Wuttig:

»Liebe Prof. Dr. Alexandra Wuttig, mit großem Interesse habe ich über das ›Female-Founder‹-Programm gelesen. Ich arbeite seit vielen Jahren im Fundraising. Meine Beobachtung ist, dass viele junge Menschen tolle Ideen haben, ihnen dann aber häufig der Mut fehlt, die Ideen Investoren und Investorinnen zu präsentieren. Soft Skills in Bezug auf das Fundraising geben jungen Gründerinnen viel Sicherheit, um ihre Ideen umzusetzen. Benötigen Sie noch Unterstützung in Ihrem Programm? Ich arbeite seit über 25 Jahren im Marketing, Vertrieb und Fundraising mit dem Schwerpunkt Beziehungsmanagement und Networking und liebe den Kontakt zu jungen Menschen. Ich freue mich, von Ihnen zu hören …«

Kurze Zeit später hatte ich eine Nachricht, dass sich eine Mitarbeiterin bei mir melden würde. Das ist jetzt zwei Jahre her, wir haben an verschiedenen Projekten zusammengearbeitet und sind inzwischen freundschaftlich miteinander verbunden.

Ich melde mich bei den Menschen nur, wenn ich das Gefühl habe, dass wir an der gleichen Sache arbeiten, ähnliche Werte haben und eine Verbindung für beide Seiten passt. Meine ersten Schritte auf LinkedIn habe ich nach einem Training mit Christina Richter, Gründerin und Geschäftsführerin des Personal Branding Instituts[23] und Autorin des Buches *Sichtbare Frauen – So nutzt du LinkedIn & Co. als Karrierebooster* gemacht. Das heißt, ich befolge die drei Schritte connect – comment – content, die Christina zufolge den Kontaktaufbau bei LinkedIn ausmachen. Connect: Ich verbinde mich mit Menschen, die meine Werte teilen oder Themen ansprechen, die mich interessieren, gehe ihre Posts durch, bevor ich ihnen »folge«. Teilen wir die gleichen Interessen? Kommuniziert sie oder er entsprechend meinen Werten? Trifft eines von beidem nicht zu, verbinde ich mich nicht. Werden von den ausgewählten Kontakten Inhalte gepostet, zu denen ich etwas sagen kann, gebe ich einen Kommentar – Comment – ab. In der analogen Welt entspräche das in etwa einer Veranstaltung, auf der man sich zu einer Gruppe stellt, ihrem Gespräch kurz zuhört und dann, wenn man etwas dazu zu sagen hat, seinen Kommentar abgibt. Wenn mir ein Beitrag lediglich gefällt, ich aber nichts weiter hinzuzufügen habe, gebe ich ein Like. Die schwierigste Aufgabe ist es, Content abzuliefern. Christina sagt: »Mithilfe von gutem Content kannst du dich als Experte oder Expertin in deinem Fachbereich sichtbar machen und deine Community aufbauen. Konsistenz ist dabei wahrscheinlich der am meisten unterschätzte Faktor, wenn man eine Persönlichkeitsmarke aufbauen möchte. Gehe Personal Branding immer langfristig an.« Gerade der letzte Aspekt stellt für mich die größte Herausforderung dar. Denn regelmäßiges Posten braucht Zeit und Übung – ein Aufwand, der sich aber für den Aufbau von hilfreichen Verbindungen mehr als lohnt.

BUSINESS-NETZWERKE

Im Mai 2023 habe ich zum ersten Mal das OMR Festival, eine seit 2011 jährlich in Hamburg stattfindende Digitalmesse, besucht. In diesem Jahr wurden rund 72 000 Festivalbesucher und -besucherinnen vermeldet, von denen der Großteil wohl aus geschäftlichen Gründen in die Messehallen gekommen sein dürfte. Wie immer vor einem Messebesuch habe ich mir auch dieses Mal einen Plan im Voraus gemacht, einen, der mir ausreichend Flexibilität ließ, um aus dem riesigen Veranstaltungs- und Vortragsangebot das Passende auszusuchen. Ich besuche viele Veranstaltungen alleine, um mir die Möglichkeit offenzuhalten, mich auf das, was mich wirklich interessiert, zu konzentrieren und mir den Raum zu lassen, dann ins Gespräch zu kommen, wenn ich das möchte. Auch wenn mich die Situation als Single Visitor regelmäßig an den Rand meiner Komfortzone bringt, bietet sie in Bezug auf mein Networking doch überwiegend Vorteile. Wenn ich alleine eine Veranstaltung besuche, ist die Chance, außerhalb meiner Komfortzone mit anderen ins Gespräch zu kommen, einfach deutlich größer, als wenn ich in Begleitung unterwegs bin.

Wie stellt man es nun an, auf großen Veranstaltungen mit Redebeiträgen Kontakte zu knüpfen und neue Bekanntschaften zu machen? Da die Bühnen für Redner und Rednerinnen meistens auf der vom Zuschauerraum aus gesehen linken Seite ihren Aufgang haben, suche ich mir möglichst immer einen Platz in der ersten Reihe ganz links. Von hier aus ist es am einfachsten, einen Speaker beim Verlassen der Bühne anzusprechen. Ich erinnere mich an einen Beitrag auf dem OMR Festival von Phillip Böndel, einem Marketing- und Digitalexperten und Co-Founder der Consulting Company für HipHop Culture »The Ambition«, und einem Vertreter von Aldi Nord zur Frage der Rolle, die ein Lebensmitteleinzelhändler in der Kultur einnehmen kann. Da ich seit über 13 Jahren die HipHop Academy Hamburg begleite und mich für diese beeindruckende Jugendkultur begeistere, lag mir sehr daran, mich mit einem der Vortragenden nach dem Talk auf der Bühne auszutauschen. Also machte ich mich Richtung Bühne auf, um dort auf Sicherheitskräfte zu stoßen, die sich mir in den Weg stellten. Ich kam mir vor wie ein Teenie auf einem Rockkonzert. Mir blieb nur, über Blickkontakt und Zeichensprache einem der Vortragenden meinen Wunsch deutlich zu machen, und tatsächlich bahnte er sich einen Weg zu mir, und wir kamen schnell ins Gespräch. Ich möchte mit dieser kleinen Geschichte Mut machen. Wenn ihr jemanden kennenlernen möchtet, traut euch. Was kann schon passieren? Keinen Kontakt habt ihr sowieso schon. Mehr als dass es dabei bleibt, kann nach einem Versuch nicht passieren. Aber dann habt ihr es wenigstens probiert.

SERVICE CLUBS

Sogenannte Service- oder auch Wohltätigkeitclubs wie Rotary oder Lions sind ein formal organisierter Zusammenschluss von Menschen unterschiedlichster Berufszweige, die gemeinsame Werte teilen, aber weder politisch noch religiös gebunden sind. Dabei dient so ein Club nicht nur der Pflege freundschaftlicher Beziehungen oder dem Austausch über Themen und Herausforderungen unserer Zeit. Die Mitglieder sehen sich insbesondere dem Gemeinwohl und der Unterstützung gesellschaftlicher Projekte verpflichtet. Sie organisieren Benefizveranstaltungen, mit deren Erlösen sie humanitäre, soziale oder kulturelle Ziele unterstützen.

Gutes tun für Bedürftige und dabei im Idealfall Freundschaften fürs Leben schließen – mit solchen Worten werben einige Clubs für neue Mitglieder und Mitgliederinnen. Ob sie eine Option sind, das eigene Netzwerk zu erweitern, können Interessierte bei Meetings oder Veranstaltungen zu den aktuell laufenden Projekten erkunden und über eine Teilnahme entscheiden.

Auch Projektverantwortliche von Hilfsprojekten können Kontakt zu Service Clubs aufnehmen. Ausgehend von ihrer Ausrichtung auf den Einsatz für das Gemeinwohl und die Unterstützung von Projekten für benachteiligte Menschen, besteht bei diesen Clubs oftmals ein Interesse, ein Projekt aus ihrer Umgebung zu unterstützen. Menschen, die Unterstützung benötigen, könnten sich daher informieren, welche Clubs regional in der Nähe angesiedelt sind, und ihr Projekt bei dem jeweiligen Club-Präsidenten oder der -Präsidentin vorstellen. Jährlich werden mehrere Projekte gefördert, die den Clubmitgliedern und -mitgliederinnen unter anderem in Vorträgen vorgestellt werden können. Wird einem Projekt Unterstützung zugesagt, gilt diese in der Regel für ein bis drei Jahre. Ich kenne aber auch Clubs, die ein Projekt über einen deutlich längeren Zeitraum begleiten. Diese Hilfe ist für einen nachhaltigen Aufbau von Angeboten natürlich besonders wertvoll.

EMPFEHLUNGEN AUS DEM EIGENEN NETZWERK

Den Kontakt zu jemandem aufzubauen, fällt unendlich viel leichter, wenn wir ein Entrée haben. Es lohnt sich der Blick ins eigene Netzwerk: Gibt es jemanden, der jemanden kennt, der eventuell helfen könnte? Bei der Suche nach einem Verlag für mein Buch hatte ich zwei Verlage als Wunschpartner im Kopf. Wichtig war mir, am Ende ein gut gestaltetes Buch in Händen halten zu können. Während ich noch suchte, fiel mir wieder ein, dass eine Freundin aus meinem Heimatort persönlichen Kontakt zum Murmann Verlag hat. Ich rief sie an und fragte, ob der Kontakt noch bestünde, und erzählte ihr von meinen Plänen. Sie freute sich über den Entschluss, dass ich mein Buchprojekt wieder aufgenommen hatte, und bot an, mich mit dem Murmann Verlag zu verbinden. Da ihr dieses Buch in den Händen haltet, kennt ihr den Ausgang der Geschichte.

Empfehlungen erleichtern Kontaktaufnahmen.

Ich gebe euch ein weiteres Beispiel: Als ich mich aufgrund des Alters meiner Kinder wieder bereit sah, mehr arbeiten zu können, habe ich an einem Coaching für die Weiterentwicklung meiner Selbstständigkeit teilgenommen. Weil ich ganz schlecht im Eigenmarketing bin und es nicht mag, mich selbst anzupreisen, blieb mir nichts anderes übrig, als Unterstützung zu suchen. Die fand ich bei der amerikanischen Beraterin Makena Sage. Von ihr habe ich gelernt, »how to package your wisdom« und wie ich an neue Kunden komme. Ich sollte fünf meiner Kontakte ansprechen und ihnen davon berichten, was ich vorhabe. Dabei sollte ich ihnen nicht meine Leistung verkaufen, sondern sie lediglich um Rat fragen. Ich legte mir meinen Elevator Pitch zurecht und stellte meine Fragen: 1. Meinst du, dass es für mein Angebot einen Markt gibt? 2. Kennst du jemanden, der Interesse an einer Zusammenarbeit haben könnte? 3. Könntest du mich mit demjenigen verbinden? Nach den fünf Gesprächen sind auf ganz unterschiedlichen Wegen sechs neue Projekte entstanden.

INFORMATIONEN EINHOLEN

Bevor wir mit jemandem, mit dem wir durch andere verbunden werden, in Kontakt treten, empfiehlt es sich, Informationen über sie oder ihn einzuholen – fundiert und so viel wie möglich. Ich beschäftige mich immer intensiv mit der Person, bevor es zu einem Call oder einem Treffen kommt.

Nehmen wir als Beispiel ein Erstgespräch mit einem erfolgreichen Unternehmer. Ist ein Call vereinbart, gilt es so viel wie möglich über ihn zu sammeln: Gibt es Podcasts oder andere Medienformate, in denen er aufgetreten ist? Wie sieht die Website aus, welche Informationen enthält sie über ihn persönlich? Findet sich ein LinkedIn-Profil von ihm mit weiteren Infos? Gibt es Print- oder Onlineartikel, die über ihn, seine Äußerungen oder bestimmte Entscheidungen berichten?

Solche Recherchen lassen sich meistens recht schnell erledigen und verschaffen einen guten ersten Eindruck von einer Person. Je mehr Informationen über den Unternehmer bekannt sind, desto besser wird ein erstes Gespräch verlaufen. Ein umfassendes Bild bietet Anhaltspunkte, mit welchen Argumenten wir sein Interesse wecken und mit welchen wir ins Fettnäpfchen treten können. Sicheres Wissen über seine Geschichte, seinen Werdegang und seine Vision verschafft die Grundlage für sicheres Auftreten.

Gleiches gilt im Grundsatz natürlich auch für Organisationen und ihre Suche nach Spendenden. Auch sie sollten gründliche Recherchen zu potenziellen Partnern und Partnerinnen vornehmen und könnten zum Beispiel versuchen, aus gefundenen Informationen zu ermitteln, welche Projekte andere unterstützen, in welchem Umfang eine Spende theoretisch möglich wäre und ob Unterstützung auch in Form von Beratung infrage käme.

Neben einer groben Idee, welche Themen unsere Gegenüber beschäftigen, nützt es bei der Ansprache, ein Gefühl von den Möglichkeiten von potenziellen Spendenden zu haben. »Die Recherche im Vorwege ist enorm wichtig«, sagt Agata Klaus von der Deutschen Nationalstiftung. Eine Anfrage sollte immer den Ressourcen des Gegenübers entsprechen. Wenn wir bei unserer Bitte nach Leistungen fragen, die weit über einem Budget oder auch weit darunter liegen, fühlen sich Menschen missverstanden und verhalten sich ablehnend. »Wir müssen uns daher immer darauf vorbereiten, mit wem wir es zu tun haben.«

KURZ UND KNAPP: NETZWERKE IDENTIFIZIEREN

- **Um andere für Herzensprojekte zu gewinnen, braucht es eine kritische Masse an Kontakten in unserem Netzwerk.**
- **Durch Networking finden wir neue Beziehungen und bauen sie auf.**
- **Ein gut funktionierendes Netzwerk bietet Unterstützung und neue Erkenntnisse.**
- **Sympathie ist eine Grundvoraussetzung für eine langfristige Verbindung.**
- **Diversität in einem Netzwerk erweitert den Horizont.**
- **Es lohnt sich, in den Aufbau eines soliden Netzwerkes Zeit zu investieren.**
- **Private Bekanntschaften, Sportvereine, soziale Netzwerke, Messen, Veranstaltungen, Service Clubs, Empfehlungen bieten sich als Ausgangspunkte für einen Netzwerkaufbau an.**

5

SIEBEN DINGE, AUF DIE ES ANKOMMT

OFFENHEIT HILFT LEICHTER INS GESPRÄCH ZU KOMMEN

Der Besuch einer Netzwerkveranstaltung dient dem Kennenlernen neuer Kontakte, einige Events besucht man auch allein. Aber kennt ihr das Gefühl, wenn man sich als Single Visitor auf der Suche nach interessanten Gesprächspartnern und -partnerinnen durch eine Menschenansammlung schlagen muss? Ich erinnere mich noch gut an ein Charity Event in der Elbphilharmonie zugunsten der Toni Garn Foundation. Die als Schauspielerin und Model bekannte Hamburgerin Toni Garn gründete die Stiftung zur Unterstützung von Bildungs- und Gesundheitsinitiativen für Mädchen und Frauen in Afrika. Um Spenden für das Projekt einzuwerben, lud Porsche Ende 2022 zu einer Dreamers Night in die Elbphilharmonie ein. Dort erzählten Gäste wie die Fernsehmoderatorin Linda Zervakis, der Balletttänzer Friedemann Vogel, der Rapper CURSE und Toni Garn von ihrem persönlichen Weg zur Traumerfüllung. Ich besuchte die Veranstaltung, die um 18 Uhr beginnen sollte, allein, ging die herrschaftliche Treppe hinauf und betrat das Foyer, in dem die vielen Besucher schon alle Stehtische besetzt hielten. Am Empfangstresen teilte man mir mit, dass wir bis 20 Uhr Zeit zum Networking hätten und dann würde das Programm starten. Oje, dachte ich. Zwei Stunden, ohne jemanden zu kennen. Das brachte mich aus meiner Komfortzone. »Easy to change« wäre das bei meinem früheren Arbeitgeber Disney genannt worden – ein Kriterium, anhand dessen die Mitarbeitenden in den jährlichen Beurteilungsgesprächen auf ihre Flexibilität hin bewertet wurden. Für eine Freundin waren solche Situation die Aufforderung zum, wie sie es nannte, »Umfreuen«. Ich freute mich also um und holte mir ein Glas Wasser. Beim Blick in die Menge entdeckte ich an einem

Stehtisch zwei groß gewachsene Männer, beide komplett schwarz gekleidet, die besonders viel lachten. Ich mag Humor. Also steuerte ich sie an, stellte mich, wie ich das in solchen Situationen immer mache, kurz vor und fragte, ob ich mich dazustellen dürfe. Was dann als lockeres Gespräch begann, entwickelte sich zu einem meiner lustigsten Abende, die ich mit unbekannten Menschen verbracht habe. Später gesellte sich noch ein weiterer Gesprächspartner zu uns, dem wir auch aufgefallen waren, weil es bei uns so lustig zuging, und den ich noch heute zu meinem Netzwerk zähle.

> Die besten Gespräche ergeben sich oft dann, wenn wir Dinge einfach geschehen lassen und uns dem Flow hingeben.

Auch Eigenschaften wie Offenheit, Neugierde oder Selbstbewusstsein, die sogenannten Skills, die jenseits der rein fachlichen Kompetenzen, also der Hard Skills, liegen, sind erlernbar und trainierbar. Für sie gilt ebenfalls: Übung macht den Meister und die Meisterin. Das Erlernen weicher Fähigkeiten gelingt, indem wir:

1. **versuchen, uns immer bewusst zu machen, welche Kompetenz wir für welche Aufgabe benötigen.**
2. **lernen, unsere Stärken und Schwächen in den Soft Skills einzuschätzen und sie gegebenenfalls auszubauen.**
3. **uns persönliche Ziele setzen.**
4. **Bücher zu unseren persönlichen Themen lesen oder uns Mentoren und Mentorinnen suchen.**

5. **Erlerntes immer weiter trainieren und in der Praxis anzuwenden versuchen.**

> Es ist noch kein Meister vom Himmel gefallen. Scheitern gehört dazu und schadet nur, wenn wir uns dadurch blockieren lassen.

Beim erwähnten Hamburger OMR Festival im Frühjahr 2023 gab es einen Gründerinnen-Pitch, für den Alexandra Wuttig, Verena Pausder[24], Fridtjof Detzner[25], Tina Müller[26] und Judith Williams[27] in der Jury saßen. Nach der Veranstaltung kamen die Jury-Mitglieder mit Vortragenden und einigen sonstigen Interessierten zum Austausch zusammen. Auch Alexandra Wuttig von dem bereits erwähnten Projekt »we Female Founders«, ihre Mitstreiterin Sabrina Micklich und ich gesellten uns dazu. »Dann kannst du ja gleich, wenn noch ein Foto gemacht wird, Judith Williams ansprechen und ihr von eurem Projekt erzählen«, sagte ich zu Alexandra. Sie lachte und meinte entschieden: »Never ever würde ich Judith Williams ansprechen. Dafür bräuchte ich erst einmal ein Glas Wein.« »Das ist kein Problem«, meinte ich, »das besorge ich dir.« Unter Gelächter entschieden wir uns dann aber doch dafür, dass Alex es ohne das Glas Wein versuchen sollte. Ein paar Minuten später kam sie zurück mit den Worten: »Ich hab´s getan. Ich habe mit Judith Williams gesprochen. Sie ist ja unglaublich nett.«

Wie offen und nett andere sind, werden wir nur herausfinden, wenn wir ihnen unsere Offenheit anbieten.

Eine höhere Position in Unternehmen oder Politik sollte uns dabei nicht davon abhalten, mit einem Menschen das Gespräch zu suchen. Auch »wichtige Menschen« sind an sozialen Kontakten interessiert.

ZWISCHEN SELBSTBEWUSSTSEIN UND RESPEKT

Neben Offenheit hilft Selbstbewusstsein, wenn wir andere um Unterstützung bitten. Doch auch hier kommt es wie bei allen Soft Skills auf das richtige Maß an. Auf der einen Seite benötigen wir das Selbstbewusstsein, um kleine Schritte aus der Komfortzone zu machen. Auf der anderen Seite treten wir mit Menschen in Kontakt, die uns in ihrer Leistung etwas voraus haben, das wir offensichtlich anerkennen – ansonsten würden wir sie nicht um Unterstützung bitten – und das deshalb unseren Respekt hat. Diese Art Anerkennung und Wertschätzung gegenüber anderen meine ich, wenn ich im Folgenden von Respekt spreche.

Nach unserem Gespräch bei OMR habe ich Alexandra Wuttig gefragt, was sie als größte Herausforderung bei der Kunst des Bittens empfindet. »Die Überwindung, andere um Hilfe zu bitten, ist für mich die größte Herausforderung. Eine Bitte um Unterstützung löst meistens das Gefühl aus, dafür auch etwas anbieten zu müssen. Das finde ich immer schwer zu greifen.« Dieses Gefühl, im Gegenzuge etwas anbieten zu müssen, haben viele. Nur nach Hilfe zu fragen, ohne etwas anzubieten, ist für viele Menschen ein Zeichen von Schwäche. Oft fühlen wir uns dann nicht mehr auf Augenhöhe mit dem Gegenüber. Gute Gespräche brauchen jedoch Gesprächspartner, die sich auf Augenhöhe begegnen.

Menschen mit einem großen gelebten Selbstbewusstsein »haben eine erhöhte Dopamin-Produktion und benötigen etwas zum Abreagieren«, sagt Fritjof Nelting, Mentor für nachhaltige Gesundheit. Das seien die Menschen, die auf der Bühne einen Heiratsantrag machen. Von ruhigen Menschen würden sie als »Draufgänger« beschrieben werden. Andere leben eher mit einem geringeren Selbstbewusstsein, sie sind zurückhaltend und stehen nicht gerne im Vordergrund, lassen anderen den Vortritt und benötigen oft Unterstützung, um eine Bühne betreten zu können.

Dazwischen gibt es die Grauzonen. Ich kenne Menschen, die sehr selbstbewusst wirken, denen es aber in bestimmten Situationen extrem schwerfällt, aus ihrer Komfortzone zu treten. Andere, die sich wahrscheinlich selbst zu den eher introvertierten Menschen zählen, wachsen manchmal über sich hinaus und können selbstbewusst auftreten. Gleichgültig, ob wir uns selbst eher als zurückhaltend einschätzen oder als jemand, der gerne immer seine Meinung laut kundtut: Es ist hilfreich, je nach Situation oder selbst gestellter Aufgabe diese starke Ausprägung zu verlassen. Bei der Kunst des Bittens ist es von Vorteil, einen ausgewogenen und stabilen Zwischenbereich festzulegen. Und das bedeutet, die empathischen Fähigkeiten zu sensibilisieren, sodass die Balance zwischen einem selbstbewussten Auftreten und Respekt vor der Leistung der anderen gehalten werden kann. Die Maßeinheit ist das eigene Bewusstsein für das persönliche Auftreten. Ähnlich wie bei einem Lautstärkeregler gilt es, eine Einstellung in einem optimalen Zwischenbereich zu finden.

DER BEWUSSTSEINSREGLER

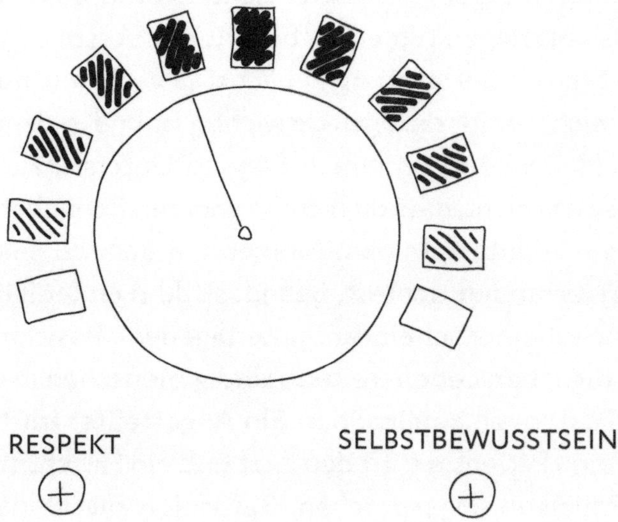

Die Fähigkeit, uns so zu akzeptieren, wie wir sind, hilft uns, diesen stabilen Zwischenbereich zu finden und Beziehungen zu anderen aufzubauen. Wenn wir uns sowohl in unseren Stärken wie auch in unseren Schwächen annehmen lernen, kurz: also authentisch werden, wird sich das mit meist positiver Wirkung nach außen vermitteln. Wer an sich selbst und die übergeordnete Sache glaubt, ist innerlich auch nicht auf den Beifall anderer angewiesen. Das Kuriose ist, dass diejenigen, die mit sich selbst zufrieden sind, die Akzeptanz anderer fast automatisch bekommen.

MINDSET FÜR EINE ÜBERGEORDNETE AUFGABE

Wenn wir einen Rat für unser Start-up suchen oder finanzielle Unterstützung für eine gesellschaftliche Aufgabe benötigen, werden wir uns an die Menschen wenden, die Erfolg in diesem Bereich oder finanzielle Ressourcen zur Verfügung haben. Aber genau diese Situation wirkt auf viele so einschüchternd, dass sie sich insgesamt als unterlegen fühlen. Dabei gilt der Vorsprung des anderen bei nüchterner Betrachtung zunächst ja gesichert nur für den einen Bereich, der für dich gerade wichtig ist und in dem du um Hilfe bittest. Nur, weil du in einem Bereich Unterstützung benötigst, bedeutet das nicht, dass du nicht in anderen Bereichen extrem hilfreich sein könntest. In dem Moment, in dem du eine bestimmte Bitte an jemanden richtest, befindest du dich lediglich in dieser Hinsicht auf einer scheinbar »unterlegenen« Position.

Im täglichen Leben treffen ständig Menschen in unterschiedlichen Positionen aufeinander: Ein Angestellter trifft eine Vorgesetzte, eine Patientin trifft den Arzt und ein Falschparker wird von einer Polizistin angesprochen. Bei vielen macht das etwas mit dem Selbstbewusstsein. Ich möchte mich selbst da gar nicht ausschließen. Wenn ich ein Polizeiauto sehe, prüfe ich sofort, ob ich etwas falsch gemacht habe. Auch heute noch wirken Uniformen verunsichernd auf mich. So wie es früher weiße Kittel taten. Während unseres Studiums hatte mein Mann eine schwere Krankheit. Ich habe ihn zu vielen Spezialisten begleitet. Die hatten oft wenig Zeit und wir hatten viele Fragen. Sprich, unser Anliegen wurde immer wieder in kürzester Zeit abgehandelt und unsere Fragen blieben unbeantwortet. Das durch die Krankheit ohnehin angeschlagene Selbstbewusstsein und Kräftereservoir gab uns das Gefühl, klein und unterlegen zu sein. Irgendwann beschlossen wir deshalb, uns selbst in eine Situation zu bringen, die es uns erlaubte, selbstbewusst alle Fragen zu stellen und die Zeit in Anspruch zu nehmen, die wir brauchten, bis auch die letzte unserer Fragen beantwortet wurde. Daran konnten nur wir selbst arbeiten. Also haben wir begonnen, uns auf die Arzttermine intensiv vorzubereiten, lasen alles, was es zu dem Thema zu lesen gab, und schafften es so, bei einem Arzttermin innerhalb kürzester Zeit unsere Fragen zu stellen. Wenn eine Antwort nicht klar war, fragten wir nach. Unser kompetentes und bestimmtes Auftreten half, das zu bekommen, was wir brauchten, nämlich die Antworten auf unsere Fragen, ohne die Zeit der Ärzte dafür Übergebühr in Anspruch nehmen zu müssen. Das heißt: Wir können unser eigenes Mindset stärken, indem wir uns immer wieder die übergeordnete Aufgabe einer konkreten Bitte, also das, was jenseits unseres persönlichen Rahmens liegt, klarmachen. In unserem Fall die ernsthaft gefährdete Gesundheit meines Mannes, die es zu behandeln galt.

Amanda Palmer erklärt in ihrem Buch *The Art of Asking*[28], dass das Bitten im Kern eine Gemeinschaftsarbeit sei, und liefert ein anschauliches Beispiel. Eine Chirurgin, die in einer Operation auf ein Problem stößt, muss die anderen am OP-Tisch um Hilfe, sprich um Instrumente, Medikamente etc., bitten – und zwar schnell. Zeit für kritische Überlegungen wie »Verdiene ich es, um Hilfe zu bitten?« gibt es dabei nicht. Die Chirurgin nimmt die Lage, wie sie ist, und bittet um Hilfe, um weiteroperieren zu können. »Diejenigen, die ohne Scham um etwas bitten können«, so Amanda Palmer, »begreifen sich selbst als Teil einer Gemeinschaftsarbeit – statt eines Wettkampfs – mit der Welt.«

Übergeordnete Ziele erfordern Kooperationen unter Menschen. So wie eine Operation am offenen Herzen von einem ganzen Team an Operateuren samt Assistenten und Assistentinnen durchgeführt

Hinter einer
verbirgt
übergeordnete

Bitte
sich oft eine
Aufgabe.

oder die finanzielle und organisatorische Stabilität von Unternehmen nur in gemeinsamer Anstrengung erreicht werden kann, benötigen übergeordnete Aufgaben generell die Mithilfe anderer. Menschen, die an übergeordneten Aufgaben beteiligt sind, sehen sich als Teil des Ganzen. Hier teilen Menschen, die dasselbe Ziel verfolgen, ihre Aufgaben auf.

Die Branche, in der ich viel über Arbeitsteilung und Kooperationen einzelner Player eines Marktes gelernt habe, ist der Non-Profit-Markt. Stehen Menschen vor besonderen Herausforderungen, zu deren Bewältigung sie Unterstützung brauchen, lassen sich meistens andere finden, die in der Lage und bereit sind, hier Hilfsangebote zu machen. Je größer ein Hilfsprojekt angelegt ist, desto mehr Menschen braucht es auch, die helfen. Gemeinsam zu helfen, wird dann zur Vision der Beteiligten, die die anstehenden Aufgaben unter sich aufteilen. Eine Aufteilung passiert auf der Grundlage der von zum Beispiel Non-Profit-Organisationen und ähnlichen Gruppen erarbeiteten Ideen für den Verlauf eines Projektes. Hilfsorganisationen und Unterstützende arbeiten also Seite an Seite, um gemeinsam eine große, übergeordnete Aufgaben zu lösen. Jede der Parteien bringt sich auf ihre Weise und nach ihren Möglichkeiten ein. Keine hat ein größeres Gewicht. Sie halten die Waagschalen also in der Balance.

Ist das erst einmal im Bewusstsein verankert, fällt das Bitten leichter. Es geht nicht um die Personen – egal welcher Seite –, sondern um die übergeordnete Aufgabe. Wenn diejenigen, die mit ihren Ideen und ihrer Zeit Projekte initiieren, mit denen, die Ressourcen zur Verfügung haben (Zeit, Geld, Know-how), zusammenfinden und beide Seiten das gemeinsame Projekt als eine Bereicherung empfinden, können Visionen Wirklichkeit werden.

WAS GEBENDE UND NEHMENDE IN DIE
WAAGSCHALE LEGEN (INPUT)

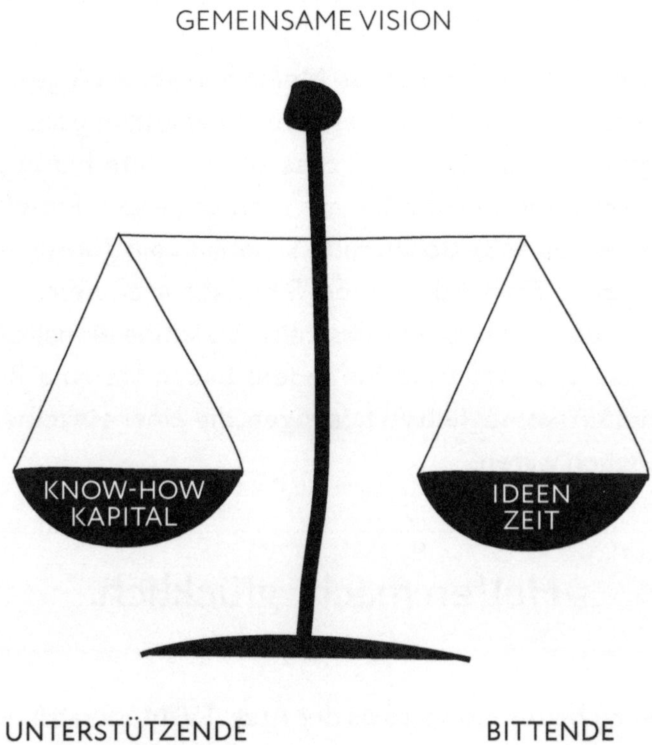

MINDSET BEI INDIVIDUELLEN ZIELEN

Auch oder gerade bei einem Ziel, das eine einzelne Person betrifft, kann das richtige Mindset die Bitte um Unterstützung erleichtern. Hilfe zu erbitten für beispielsweise eine künstlerische oder auch sportliche Ambition, für einen Jobwechsel oder für eine befristete finanzielle Absicherung – sich für sich selbst einzusetzen und um Unterstützung zu bitten, bedarf eines mindestens so stablien Mindsets als Antreiber und Stütze wie das Einwerben einer Spende für ein soziales Projekt. Frage ist: Welches Mindset kann dir helfen, wenn du andere für dich um Unterstützung bitten willst?

Hier hilft das Wissen, dass Menschen generell gerne helfen. Im Alltag bieten viele Menschen ihre Unterstützung an. Menschen helfen gerne, wenn sie sehen, dass andere Hilfe benötigen. Und das gilt nicht nur im Hinblick auf groß angelegte Projekte. Auch kleinere Gesten selbstloser Hilfe schenken ein gutes Gefühl, wie eine Tür zu öffnen oder einen Sitzplatz anzubieten, auch ein Teammitglied zu entlasten, um so eine Deadline einhalten zu können. Durch Unterstützung für andere bauen sie eine Beziehung auf, verhelfen womöglich zu Lösungen, die einer einzelnen Person nicht möglich wären.

Helfen macht glücklich.

Anderen zu helfen, so sagte es der Arzt, TV-Moderator und Gründer der Stiftung Gesunde Erde Gesunde Menschen gGmbH Eckart von Hirschhausen in einem Vortrag über Glück, schütte mehr Glückshormone aus als der Verzehr einer Tafel Schokolade. Im Umkehrschluss bedeutet das: Wenn wir andere um Hilfe bitten, können wir sie glücklich machen. Und ihnen ein Glücksgefühl verschaffen ganz ohne Ersatzbefriedigung. Wir sind dann gewissermaßen eine Diät der ganz besonderen Sorte.

Auch wenn Menschen gerne helfen möchten – sie müssen wissen, wo sie es tun können und wer Hilfe benötigt. Daher möchte ich alle, die Hilfe benötigen, motivieren, offen mit anderen ins Ge-

OUTPUT FÜR GEBENDE UND NEHMENDE BEI EINER BITTE FÜR EIN PERSÖNLICHES ZIEL

PERSÖNLICHES ZIEL EINES INDIVIDUUMS

> **Output für Gebende**

- Ausschüttung von Glückshormonen
- Gefühl, gebraucht zu werden, schafft ein Zugehörigkeitsgefühl
- Dadurch, dass Probleme gelöst werden, stellen sich Stolz und Zufriedenheit ein
- Stärkung zwischenmenschlicher Beziehungen schafft Geborgenheit
- Gesteigertes Selbstwertgefühl durch die Wertschätzung des Bittenden
- Beitrag zu einer positiveren Welt, in der Menschen einander helfen

> **Output für Nehmende**

- Gesteigertes subjektives Wohlempfinden
- Motivation
- Problemlösungen
- Unterstützung bei der Umsetzung individueller Zielen
- Sinn – Stärkung
- Persönliche Weiterentwicklung
- Verbesserte Produktivität, Gesundheit etc.
- Vertrauen und Geborgenheit

spräch zu gehen. Ohne solche Offenheit wird sich ein Wunsch erstens nicht vermitteln. Und zweitens kann sich durch eine Bitte, zumal dann natürlich, wenn sie positiv beschieden wird, jede Menge positiver Output einstellen: ein gesteigertes Wohlempfinden, zusätzliche Motivation, neue Problemlösungen, Bestätigung des Ziels, eine Sinnstärkung, persönliche Weiterentwicklung, verbesserte Produktivität, Vertrauen sowie ein Gefühl von Geborgenheit. Umgekehrt erleben Helfende durch den Ausstoß von Glückshormonen ebenfalls viele positive Emotionen. Sie haben das Gefühl, gebraucht zu werden, und empfinden dadurch Zugehörigkeit. Und dadurch, dass sie Probleme zu lösen helfen, stellen sich Stolz und Zufriedenheit ein. Die so erreichte Stärkung zwischenmenschlicher Beziehungen schafft Geborgenheit und die vonseiten der Unterstützten erfahrene Wertschätzung steigert das eigene Selbstwertgefühl.

WIE UMGEHEN MIT UNFREUNDLICHEN BLICKEN?

Als ich vor einiger Zeit von Common Purpose[29] gebeten wurde, einen Impuls zu geben zum Thema »In Resonanz gehen«, fragte mich ein Teilnehmer anschließend, wie wir damit umgehen können, wenn Menschen, mit denen wir gerne in Kontakt treten möchten, unfreundlich blicken. Mein Rat: Lass dich nicht davon einschüchtern. CEOs, Geschäftsführer und Geschäftsführerinnen, Unternehmer und Unternehmerinnen, Politiker und Politikerinnen, prominente Persönlichkeiten, die du um einen Rat bitten möchtest, haben eine Gemeinsamkeit: einen extrem vollen Terminkalender. Vielleicht stehen sie gerade vor einer großen Herausforderung und sind gedanklich ganz woanders. Ihr Blick hat nichts mit dir zu tun. Wir sind alle Menschen mit unterschiedlichen Herausforderungen.

Ein Beispiel: Während meines Sommerurlaubs in Spanien hat jemand mein Auto touchiert und ist weggefahren. Die Versicherung teilte mir mit, dass ich zur örtlichen Polizei gehen möge, um den Fall aufnehmen zu lassen. Also machte ich mich bei größter Hitze zum nächsten Polizeirevier auf. Das Erste, was ich beim Betreten des heruntergekühlten Reviers sah, waren drei Polizeibeamte in Uniform, die mich gnadenlos anstarrten. Ich muss es so sagen, denn noch nie habe ich drei so böse Blicke auf einmal empfangen. Ich fühlte mich alles andere als wohl, schon gar nicht auf Augenhöhe mit den Ordnungshütern. Also blieb mir nichts anderes übrig, als in meinen eigenen Methodenkasten zu greifen, indem ich mir sagte, dass die drei vielleicht bisher schon einen doofen Tag hatten und alles andere als erfreut über einen neuen Vorfall waren. Also versuchte ich mein Anliegen – soweit es meine nicht vorhandenen Spanischkenntnisse zuließen – freundlich vorzutragen und lange Erklärungen zu vermeiden. Mit unverändert unfreundlichem Blick kam einer der Polizisten, der ausschließlich Spanisch sprach, auf mich zu und bedeutete mir, ihn nach draußen zu meinem Wagen zu begleiten. Nachdem wir uns eine Weile mit Händen und Füßen über den entstandenen Schaden zu verständigen versucht hatten, mussten wir beide plötzlich lachen – über uns und unser Gestikulieren. Also: Nur ich habe die Blicke der Polizisten als abweisend interpretiert und bin auf einen in Wahrheit sehr netten Menschen getroffen, der einen anstrengenden Arbeitstag hatte.

Wenn andere unfreundlich gucken oder kurz angebunden sind, hat das in den meisten Fällen nichts mit uns zu tun. Wenn wir es schaffen, solche Hemmschwellen immer wieder zu überwinden, können uns solche und ähnliche Situationen nicht mehr aus der Bahn werfen.

MENSCHEN UND IHR ÄUSSERES

Insgesamt kann das Äußere von Menschen einschüchternd wirken und dem eigenen Selbstbewusstsein gehörige Dämpfer verpassen. In einem Workshop wurde ich von einem Teilnehmer einmal gefragt, wie wir am besten auf das »Gutsherrengehabe« von anderen reagieren können. Auch wenn ich mir denken konnte, was er meinte, musste ich erst einmal nachfragen, was er genau darunter verstehe. Das seien Wichtigtuer, die andere einschüchterten. Was dieser Wichtigtuer gesagt habe, fragte ich. »Nichts«, sagte der Teilnehmer. Er hatte also, ohne ein Wort mit ihm gesprochen zu haben, den anderen lediglich nach dessen Äußerem und Auftreten beurteilt.

Vielleicht lässt sich nicht ganz vermeiden, dass Menschen sich ein Bild von anderen lediglich anhand der äußeren Erscheinung machen. Was wir aber vermeiden können, ist, aus solchem oberflächlichen Eindruck heraus endgültige Urteile zu fällen. Oftmals gibt es so viel mehr zu erfahren, als von außen zu sehen ist – keinesfalls sollten wir uns jedoch von dem Äußeren eines Menschen einschüchtern lassen. So unterschiedlich Kleidungsstile, sprachliche Akzente, Umgangsformen, Haltungen und dergleichen mehr auch sein mögen, so können sich dahinter doch mehr Gemeinsamkeiten entdecken lassen, als von außen gesehen angenommen.

DIE PASSENDE GARDEROBE

Auch wenn wir andere nicht nach ihrem Äußeren beurteilen sollten, die Wahl der eigenen Garderobe hat dennoch eine gewisse Bedeutung. Die eigene Kleidung kann – als zweite Haut betrachtet – das eigene Wohlempfinden stärken oder auch – im ungünstigen Fall – schwächen. Vielen mag es nebensächlich erscheinen, aber ich halte es dennoch für wichtig, dass wir uns vor wichtigen

Terminen auch äußerlich in eine Lage bringen, in der wir uns wohl- und sicher fühlen. Das stärkt das Selbstbewusstsein.

Für den Besuch einer bevorstehenden Veranstaltung suche ich mir normalerweise schon am Vorabend die passende Kleidung heraus. Diese Zeit blieb mir vor Kurzem vor einer anstehenden Netzwerkveranstaltung nicht mehr, sodass ich am betreffenden Morgen gezwungen war, mir das erstbeste Outfit zu greifen, da ich viel zu spät dran war. Hätte ich mir nur eine Sekunde genommen, darüber nachzudenken, welche Gäste bei der Veranstaltung am Abend sein würden, hätte ich eine andere Wahl getroffen. Erst als ich eintraf, wurde mir bewusst, dass ich mich leicht underdressed fühlte. Obwohl längst nicht komplett unpassend gekleidet, fühlte ich mich einfach nicht hundertprozentig wohl. Eine unnötige Irritation, die sich leicht vermeiden lässt.

Dabei geht es mir nicht um eine strenge Kleiderordnung, die unbedingt einzuhalten ist. Ich kenne eine Frau, die meistens im Sportanzug zu Veranstaltungen kommt und darin toll aussieht und authentisch und sympathisch wirkt. Solange wir uns in unserer Kleidung gut fühlen, ist es auch genau die richtige Kleidung. Dennoch lohnt es sich, darüber nachzudenken, in welcher Kleidung wir uns wohlfühlen, vor allem vor wichtigen Terminen. Bei mir gehört die Garderobenwahl – wenn nichts Unvorhergesehenes dazwischenkommt! – längst zur Routine und geht inzwischen ganz schnell. Worin ich mich wohlfühle, hängt sowohl von der Art der Veranstaltung als auch von meiner jeweiligen Stimmung ab. Bin ich innerlich auf Krawall gebürstet, wähle ich genau das, was ich bei den anderen Besucherinnen nicht erwarte. Dann wieder möchte ich auf keinen Fall auffallen. Jedenfalls fällt meine Wahl immer auf etwas, das mir auf der einen Seite passend erscheint, mich aber vor allem auch mir selbst treu sein lässt. Das Kuriose ist, dass diejenigen, die mit sich selbst zufrieden sind, die Akzeptanz anderer automatisch bekommen.

> »Der meiste Schatten in unserem Leben rührt daher, dass wir uns selbst in der Sonne stehen.«
>
> Ralph Waldo Emerson

ANDERE GROSSMACHEN, OHNE SICH SELBST KLEINZUMACHEN

Wenn ich hier von Respekt spreche, dann nicht im Sinne von Unterwürfigkeit und Angst vor sogenannten Autoritätspersonen. Ich meine mit Respekt die Anerkennung vor einer erbrachten Leistung – wie dem Aufbau eines Unternehmens, einem großartigen sportlichen Ergebnis oder auch einer durchgestandenen Gewichtsreduktion.

Seit 2010 arbeite ich freiberuflich bei der HipHop Academy Hamburg[30], einem Projekt der Stiftung Kultur Palast. Hier geht es um nachhaltige Talentförderung in verschiedenen Sparten des HipHop. In der HipHop Academy können alle mitmachen. Wer Talent hat, wird weiter gefördert – manchmal bis auf die große Bühne.

Ich bin ein großer Fan der HipHop Academy Hamburg und des Hip-Hop, einer Jugendkultur, in der bestimmte Werte gelten, die Jugendlichen einen repektvollen Umgang miteinander pflegen und in der die Regel gilt: each one teaches one, und der gemeinsame

Spaß eine große Rolle spielt. Habt ihr schon mal ein Battle miterlebt? Bei einem Breakdance Battle beispielsweise treten die Künstler und Künstlerinnen gegeneinander an und werden von einer Jury bewertet, die am Ende einen Sieger oder eine Siegerin bestimmt. In diesen Battles tanzen die Beteiligten nicht einfach, sondern demonstrieren selbstbewusst und mit großer schauspielerischer und fast akrobatischer Fähigkeit, dass sie sich jeweils für den Besten oder die Beste halten. Sobald die Gegenspieler die Bühne betreten, gilt der Respekt jedoch den anderen. Jetzt wird angefeuert und motiviert. Im Hip-Hop ist es egal, wo du herkommst, welcher Nationalität du angehörst, ob du klein oder groß, dick oder dünn bist. Es gelten die geteilte Freude am Hip-Hop und der gegenseitig erbrachte Respekt.

Was können wir aus dem Hip-Hop lernen? Menschen um etwas zu bitten, heißt zunächst nur, dass sie in einer Sache voraus sind und deswegen finanzielle oder beratende Unterstützung geben können. Dafür gebührt ihnen Respekt, der aber wiederum nicht dazu führen muss, sich selbst vor ihnen kleinzumachen. Jemandem respektvoll zu begegnen, erhöht im Allgemeinen die Chance, dass man selbst auch respektvoll behandelt wird. Durch diese Resonanz entsteht sozialer Zusammenhalt, die Basis jeglicher Art von Gemeinschaft.

GESTEN DES RESPEKTS

Respekt lässt sich in vielfältiger Weise ausdrücken: ein fester Händedruck, der freundliche Blickkontakt, zuhören, wenn jemand spricht, und sich gegenseitig ausreden lassen, andere nicht warten lassen – all das ist Ausdruck des Respekts. Und auch die Bereitschaft, unterschiedliche Meinungen zuzulassen und zu versuchen, diese zu verstehen, zeugt von respektvollem Verhalten, so wie auch der höfliche Umgang unter den Teilnehmenden kontroverser Diskussionen, der selbstverständliche Regel sein sollte.

> Respekt ist die Anerkennung einer Leistung. Durch ihn machen wir andere groß, ohne uns selbst kleinzumachen.

Beim Verlassen einer Firmenveranstaltung, auf der ich mit zwei Mitarbeitern ins Gespräch gekommen war, konnte ich folgende Szene beobachten. Meine beiden Gesprächspartner hatten, wie sich herausstellte, den gleichen Weg, also bot der eine mit Auto dem anderen ohne Auto eine Mitfahrgelegenheit an. Kurz bevor sie in den Wagen steigen wollten, erhielt der Mitfahrer einen Anruf, der sich zur Klärung der Frage, was am Abend noch unternommen werden sollte, einigermaßen hinzog. Als dann doch endlich eine Verabredung zustande gekommen war, stieg der Mitfahrer nicht etwa ins Auto, sondern lief schnell noch zu umstehenden Kollegen, um zu fragen, ob jemand Lust habe, noch in eine Bar mitzukommen. Der wartende Autofahrer war inzwischen sichtlich genervt, was seinem Kollegen ganz offensichtlich entging. Hilfe anzunehmen, ohne dabei die Zeit, die Geduld und oft auch die Mittel der Helfenden über Gebühr in Anspruch zu nehmen, sollte als Grundregel für einen respektvollen Umgang jederzeit gelten.

Zeichen eines höflichen Umgangs ist außerdem der Blickkontakt in einer Gesprächssituation. Mit diesem Ausdrucksmittel der

Körpersprache können Interesse und Aufmerksamkeit oder auch Sympathie und Vertrauen signalisiert werden. Möchten wir anderen Respekt entgegenbringen, können wir zunächst einmal versuchen, den Blick zu halten, wenn sie sprechen. Für Sprechende ist es ein schönes Gefühl, wenn sie sich in ihrer Meinung gesehen fühlen. Allerdings ist auch Feingefühl gefragt, denn wenn aus einem Blickhalten ein Fixieren wird, sind die Grenzen des respektvollen Umgangs schnell überschritten. Den Blick zu halten, wenn man selber spricht, fällt dagegen nicht immer leicht. Gerade im Fall großer Konzentration wandern die Augen auch gerne mal zu einem anderen Ziel. Den Blick nicht abzuwenden, erfordert etwas Übung, liefert aber nonverbale Rückmeldung dazu, ob Interesse und Aufmerksamkeit der Zuhörenden geweckt sind. Menschen mit wenig Zeit werden es uns schnell signalisieren, wenn wir ihr Interesse verloren haben. Umso wichtiger ist es, zu verstehen, was sie möchten.

EMPATHIE UND DIE KUNST DES BITTENS

Bei der alltagssprachlich auch als Einfühlungsvermögen bezeichneten Empathie handelt es sich um die Fähigkeit, Empfindungen, Motive oder Gedanken und Eigenheiten anderer wahrzunehmen, zu verstehen und nachzuempfinden. Dies geschieht auf der Grundlage der Selbstreflexion, der Eigenschaft also, die uns nicht nur erlaubt, uns und unsere Gefühle und Handlungen zu reflektieren, sondern auch immer wieder zu hinterfragen und möglicherweise anzupassen. Gefühle und Haltungen von anderen sensibel wahrnehmen zu können, heißt, deren Verhalten und Reden auch besser einordnen und sich selbst darauf einstellen zu können. In dem Moment, in dem wir andere anlächeln, weil wir wahrnehmen, dass sie eine Aufmunterung benötigen, hat Empathie bereits erste Handlungsempfehlungen gegeben. Auch einen zusätzlichen Stuhl an den Tisch zu stellen, wenn eine weitere Person den Raum betritt, ist eine empathische Handlung. Bei der Kunst des Bittens beginnt Empathie damit, zu verstehen, ob ein Thema auf Interesse stößt. Oder zu überlegen, ob eine Bitte beim Gegenüber angebracht ist, der gewählte Zeitpunkt dafür passt oder der Umfang der Bitte angemessen ist.

WO EMPATHIE BEGINNT

Empathie ist also weit mehr als das Sammeln von Informationen zu einem Menschen. Sie beginnt bei der eigenen Offenheit und dem Wunsch, andere verstehen zu wollen. Wenn wir uns auf einen anderen Menschen wirklich einlassen wollen, ihn nicht nur ansehen, sondern unseren Blick auf seine Körperhaltung und seinen Gesichtsausdruck konzentrieren und beides wahrnehmen, wandert unsere Aufmerksamkeit von uns zu ihm und wir können erkennen, ob er offen für ein Gespräch und für ein gegebenes Thema überhaupt ansprechbar und bereit ist, Unterstützung zu leisten. Sich in andere hineinzuversetzen und daraus eigenes Verhalten abzuleiten, zeugt von einer empathischen Reaktion. Mit empathischem Verhalten schaffen wir eine vertrauensvolle, warme Atmosphäre, in der durch die eigene Offenheit auch andere sich öffnen können, und durch die eigene Aufmerksamkeit und Neugier für andere auch sie Interesse und Anteilnahme zeigen.

Unter solchen Voraussetzungen findet eine Bitte um Unterstützung für ein Herzensprojekt viel leichter Resonanz. Selbst wenn wir es schaffen, uns wie oben beschrieben mit Menschen zu verbinden, die unsere Werte teilen oder ähnliche Visionen verfolgen, ist das, was sie wirklich tief bewegt, vielleicht nicht sofort erkennbar. Klarheit hierüber findet sich oft erst in einem tiefergehenden persönlichen Gespräch. Wenn wir die richtigen Fragen stellen und wirklich zuhören, verstehen wir, was andere wollen. Dann kann daraus echte Verbundenheit erwachsen und ein Herzensprojekt und die Motivation dahinter vertrauensvoll präsentiert werden.

RICHTIG FRAGEN, RICHTIG ZUHÖREN

Sind wir mit den Menschen, die wir für ein Projekt gesucht haben, bereits in Verbindung getreten und haben deren Interesse für unser Thema geweckt, sollten wir all die Fragen, die für uns noch offen sind, so eindeutig wie möglich stellen und keinesfalls bei jedem einzelnen Punkt all unser Wissen mitanzubringen versuchen. Mein größtes Learning ist, dass die einfachsten Fragen die besten Antworten bekommen. Die Fragen sollten nicht länger als die Antwort unseres Gegenübers sein. Es geht um die Antworten und nicht um das, was wir ohnehin schon wissen. Ist die Frage gestellt, gilt es, aufmerksam zuzuhören. Kennt ihr das Gefühl, wenn sich beim Zuhören ständig eigene Gedanken in den Kopf drängen? Sich im Kopf so viel während des Zuhörens ansammelt, dass diese Gedanken quasi herausschießen, sobald die Ausführungen der anderen beendet sind. Echtes Zuhören bedeutet jedoch, den anderen die volle Aufmerksamkeit zu geben, ohne ständig die eigenen Themen weiterzudenken. Damit nämlich verpasst man möglicherweise wesentliche Informationen, vor allem auch die, die sich nonverbal vermitteln. Wenn wir also explizit Antworten auf Fragen erbeten haben, sollten wir den Kopf auch für sie frei halten.

Zum wirklich aufmerksamen Zuhören gehört es auch, Rückfragen zu stellen. Ist alles im Sinne des Gegenübers verstanden worden? Sind alle Verständnisfragen geklärt? Sind unbemerkt

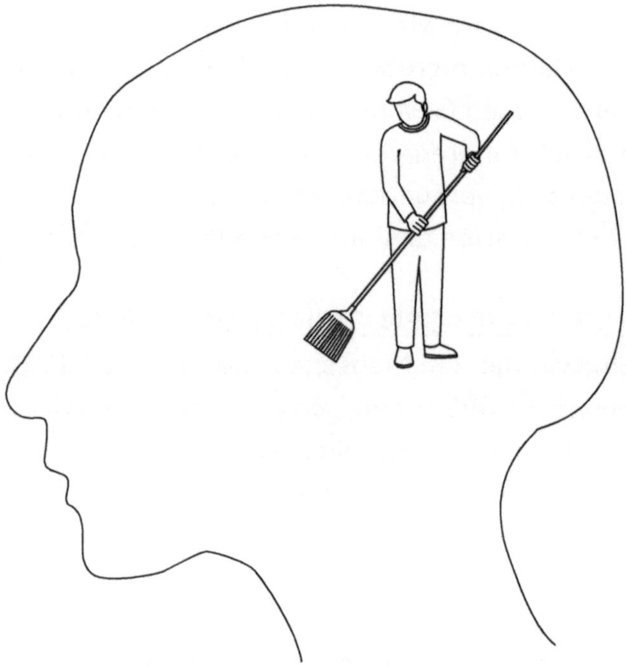

Missverständnisse aufgekommen? Es geht um echtes Verstehen und letzte Klarheit. Dafür ist es auch erlaubt, tiefer zu bohren. Wer sich traut, weiterzufragen, wird überrascht sein, was für Antworten kommen und welchen Verlauf ein Gespräch nehmen kann. Das jedoch nur so lange, solange die andere Person Bereitschaft zeigt, den Austausch weiterzuführen. Stehen die Signale dagegen auf »Stopp« – sei es, weil keine Zeit mehr ist oder eine Sache schlicht nicht besprochen werden soll –, ist das Ende des Gesprächs erreicht.

Welche Gespräche sind dir selbst in Erinnerung geblieben? Diejenigen, die hauptsächlich Fakten und Formalien geliefert haben? Oder diejenigen, in denen du dich gesehen gefühlt hast? In der Regel behalten wir die Gespräche in Erinnerung, in denen wir uns gesehen fühlen. Dieses Gefühl des Gesehenwerdens können wir anderen vermitteln, wenn wir uns bemühen, zu verstehen, was sie möchten.

ZUR RICHTIGEN GELEGENHEIT

Empathie hilft auch zu erkennen, wann der richtige Zeitpunkt für eine Ansprache ist. Wenn sich auf einer Veranstaltung um die betreffende Person beispielsweise viele Menschen versammelt haben, ist es sicher keine gute Idee, sich auch noch dazuzustellen. Allerdings ist es auch nicht ratsam, zu lange zu warten, da sonst die Gelegenheit vielleicht ganz vorbei ist. Ein Beispiel: Eine Projektpartnerin und ich wollten auf einer Veranstaltung unbedingt einen der Vortragenden sprechen. Diesen Wunsch teilten wir allerdings mit vielen anderen, die nach seinem Vortrag schon auf ihn warteten. Also stellten wir uns in seine Nähe und loteten aus, wie tief er in ein Gespräch verwickelt war, um an seiner Körpersprache abzulesen, wann er es beenden würde. Auf einmal stand er alleine da. Das war die eine entscheidende Sekunde und genau unser Moment. Er begrüßte uns freundlich und es ergab sich ein nettes Gespräch, aus dem wir mit ausgetauschten Kontaktdaten und einer klaren »Ich-Botschaft«, wann wir uns wieder melden würden, herausgingen.

DEN RICHTIGEN MOMENT ERWISCHEN

Wie aussichtsreich eine Bitte ist, hängt auch vom Zeitpunkt ab, zu dem sie geäußert wird. Davon, ob es gelingt, den Moment zu treffen, der ausreichend Zeit, Ruhe und Konzentration für sie lässt. Nach meinen Erfahrungen sind Veranstaltungen ein schlechter Zeitpunkt, um tief in Themen einzusteigen. Sie sollten lediglich genutzt werden, um Kontakte anzubahnen und sie dann im Weiteren fortzuführen. Bitten sollten nur dann hervorgebracht werden, wenn wir ausreichend Zeit für eine Einleitung und eine ruhige Umgebung haben. Und auch hier ist es wichtig, aufmerksam zu sein dafür, ob wir im Gespräch noch die Aufmerksamkeit der anderen haben. Registrieren wir beispielsweise fragende Blicke, können wir Erklärungen nachschieben. Bemerken wir aber Unruhe und verlieren die Aufmerksamkeit der anderen, sollten wir unsere Ausführungen abkürzen und schneller zum Punkt kommen.

Durch eine empathische Gesprächsführung vermeiden wir unnötige Irritationen in der Kommunikation und verschaffen uns Raum für gute zwischenmenschliche Verbindungen, in denen das, was das jeweilige Gegenüber will, eine Rolle spielt.

STORYTELLING UND BEGEISTERUNGSFÄHIGKEIT

In einem Gespräch mit potenziellen Unterstützern und Unterstützerinnen für unser Herzensprojekt hoffen wir idealerweise, sie mit unserer Passion für unser Projekt gewissermaßen anzustecken. Was es heißt, Begeisterung zu übertragen, habe ich bei Disney gelernt. Als ich 1996 meinen Job in Frankfurt antrat, bekam ich nach ein paar Monaten eine Weiterbildung im Disneyland Paris ermöglicht. Wer schon einmal in einem der Parks war, erinnert sich sicher an die »lebensgroßen« Disney-Figuren, Donald Duck oder Daisy, Winnie Puuh und andere Berühmtheiten, die sich vor allem zur Freude der Kinder unter Besucher und Besucherinnen mischen und sich mit ihnen fotografieren lassen. Schon möglich, dass auch ich als verkleideter Pluto auf einem dieser Fotos in dem ein oder anderen Kinderzimmer gelandet bin. Denn Teil des Seminarplans war es, dass alle Neuen aus dem Team in eines der Kostüme steigen und in den Park eintauchen sollten. Nach einer kurzen Schulung zum Verhaltenscodex – nicht sprechen (natürlich!), freundlich sein, die Bewegungen und den Charakter der jeweiligen Figur imitieren – wurden wir allesamt durch ein großes Holztor an einem Seiteneingang reingelassen. Was dann passierte – in Plutos Maul war ein kleiner Sehschlitz –, ist kaum in Worte zu fassen. Von überall liefen Kinder auf uns zu, umarmten uns und rannten uns fast um. Es hätte keine bessere Schulung geben können, um uns die Wirkung der Figuren auf Kinder deutlich zu machen.

In den folgenden Tagen lernten wir in einem Seminar mit einem Schauspieler, wie wir Begeisterung auf ein Publikum übertragen können. Dafür gingen wir auf ein etwa 100 Meter langes Spielfeld, der Trainer an einem, wir am anderen Ende. Hier galt es nun, eine kurze Präsentation zu bieten. Meine ersten Versuche fielen viel zu leise und zu verhalten aus. Erst beim vierten Anlauf gelang mir eine gute Mischung aus Lautstärke, einer präsenten Körperhaltung, ausladenden Bewegungen und positiver Ausstrahlung. Bei so großer Entfernung und dann noch im Freien musste alles – die Lautstärke, die Bewegungen – forcierter sein als sonst. Das Seminar war ein toller Einstieg in meinen Job. Der nannte sich Licensing Manager Apparel and Fashion Accessories. Das heißt, ich war dafür verantwortlich, klassische und aktuelle Filmthemen

Lizenznehmern vorzustellen, sie dafür samt einer breiten Produktpalette zu begeistern, Lizenzverträge zu verhandeln und den Verkauf an den Handel zu unterstützen. Kommt beispielsweise ein neuer Film auf den Markt, stellen Licensing Manager ihn den Unternehmen vor, die sie als Lizenznehmer gewinnen wollten. In Paris haben wir gelernt, worauf es ankommt, um andere zu begeistern.

Gibt es ein Erfolgsrezept, nach dem man andere begeistern kann? Wem gelingt es, Menschen mitzureißen, und warum? Lässt sich daraus für andere etwas lernen? Am leichtesten fällt es wohl kleinen Kindern, ihre Umgebung in Bann zu ziehen – mit ihren leuchtenden Augen, ihrem echten Strahlen und ansteckenden Lachen, vor allem aber mit ihrer naiven Absichtslosigkeit und ohne den geringsten Gedanken an Konsequenzen. Auch Verliebte können durch strahlende Augen, ein bezauberndes Lächeln und eine aufrechte Körperhaltung ihre Liebsten für sich gewinnen. Energien in der Luft sind manchmal sogar für Dritte spürbar.

Von diesem Gefühl des Verliebtseins können wir insofern etwas lernen, als wir für unser Herzensprojekt ja auch ein starkes Gefühl der Verbindung haben und ihm ein starke Motivation zugrunde liegt. Eine Vision, die unser Herz erfüllt und uns zum Lächeln bringt, erzeugt vielleicht etwas Ähnliches wie ein Gefühl des Verliebtseins – auf jeden Fall eine große Begeisterung. Und so können auch Herzensprojekte – eine künstlerische Arbeit, ein soziales Projekt – uns so stark begeistern, dass wir sie der Welt zeigen wollen.

Begeistern können nur die,
die selbst das Feuer in sich tragen.

Und diese Begeisterung und das innere Feuer, das wir empfinden, übertragen sich auch auf andere, wenn wir über unser Vorhaben sprechen. Lassen wir sie teilhaben an unseren Empfindungen, die den Projektverlauf begleiten, können sie unsere Emotionen nachvollziehen und unsere Begeisterung teilen. Barack Obama hat es beispielsweise geschafft, die Menschen mitzureißen: ein offener Blick, eine herzliche und emotionale Ansprache. In vielen seiner Reden wirkte er natürlich und entspannt.

Die Stiftung Kultur Palast muss für all ihre Projekte zur nachhaltigen Nachwuchsförderung, wie zum Beispiel Klangstrolche oder HipHop Academy Hamburg, kontinuierlich Spenden einwerben. Dörte Inselmann, Gründerin und Vorständin, und Jochen Schindlbeck, der Geschäftsführer, nennen auf die Frage, wovon in ihren Augen vor allem der Erfolg in der Kunst des Bittens abhänge, zum einen die Menschen, die um Hilfe bitten, und zum anderen die Inhalte, für die sie antreten und Lösungen anbieten. »Wenn wir nicht selbst überzeugt sind«, sagt Dörte Inselmann, »dass das, worum wir bitten, sinnvoll ist und die Gesellschaft bewegt, und wenn wir nicht voll und ganz dahinterstehen, können wir andere nicht mitreißen.« Jochen Schindlbeck ergänzt, dass es nur dann gelingt, andere für ein Projekt zu begeistern, wenn man selbst dafür brennt und dieses Feuer authentisch vermitteln kann. Grundvoraussetzung für die eigene Begeisterung seien innovative und gute Lösungen.

Dörte Inselmann: »Wenn Menschen Lösungen für gesellschaftliche Herausforderungen anbieten und so den Zusammenhalt in dieser Gesellschaft befördern helfen, fühlen sie sich auch nicht als Bittsteller, sondern erleben, dass andere sich glücklich schätzen, mitzumachen.« Jochen Schindlbeck sagt: »Unsere Projekte Klangstrolche und HipHop Academy wirkten insofern innovativ, als wir darin soziale und kulturelle Herausforderungen zusammengedacht haben. Diese ganzheitliche Betrachtung hat die Menschen überzeugt und begeistert. Dass dabei noch Musik eine große Rolle spielte, verlieh dem Ganzen zusätzlich den positiven Touch.«

Andreas Schiemenz von Sinngeber, Vertrauensperson vieler Philanthropen, spricht im Zusammenhang mit solcher Begeisterungsfähigkeit von einer Art olympischer Flamme, die es zu entzünden gelte. Menschen, die um Unterstützung bitten, sollten potenzielle Unterstützer vor allem berühren und begeistern. »Sobald wir es geschafft haben, dass der Funke übergesprungen ist, gilt es, die Gebenden mit konkreten und verbindlichen Vorschlägen einzubinden.« Dann fühlen sie sich da abgeholt, wo sie sich befinden.

Längst nicht nur in der Politik, im Management oder Fundraising spielt Begeisterungsfähigkeit eine große Rolle. Eigentlich immer, wenn es darum geht, Vorhaben in Angriff zu nehmen, für deren erfolgreiche Durchführung wir auf wie immer geartete Unterstützung angewiesen sind, reicht es nicht, diese anderen nur rational zu überzeugen, sie müssen auch emotional mitgerissen werden.

ZWISCHEN BEGEISTERUNG UND BETROFFENHEIT

Bei Vorhaben, die positiv besetzt sind, ist es relativ einfach, die eigene Begeisterung zu vermitteln. Anders sieht es aus bei gesellschaftlichen Herausforderungen, hier ist die Grenze zwischen Begeisterung und Betroffenheit fließend. Kriege, Klimakrise, Armut oder soziale Diskriminierung – um nur einige Probleme zu nennen: Hier geht es weniger um Begeisterung denn um Entschlossenheit, etwas gegen Missstände und Katastrophen tun zu wollen oder auch zu müssen. Und auch für solche Projekte braucht es Mitstreiter und Mitstreiterinnen, die zu gewinnen sind.

Die Tränendrüse ist nicht der richtige Weg.

Auch wenn bei extrem herausfordernden Projekten große Betroffenheit immer eine Rolle spielt, ist für die Suche nach Unterstützern die Tränendrüse nicht das passende Mittel zum Zweck. Notstände müssen aufgezeigt, die Notwendigkeit zu handeln deutlich gemacht werden, doch ist es ebenso wichtig, denjenigen, die wir um Unterstützung bitten, Lösungen und Perspektiven anzubieten. Erst dann werden wir auf die nötige Bereitschaft stoßen, zu helfen und einen Impact zu leisten. Wir sollten transparent zeigen, warum und wozu Hilfe benötigt wird und wo und wie genau Unterstützung helfen kann.

Vor einigen Jahren habe ich mit einer Gruppe aus einem Rotary Club einen Rundgang durch die Räume des Kultur Palasts in Hamburg gemacht. Es fand gerade ein Rap-Training statt und ein geflüchteter Jugendlicher rappte über seine Erfahrungen auf der Flucht. Ich war betroffen und mir stiegen sofort Tränen in die Augen. Ohne im Entferntesten Vergleichbares durchgemacht zu haben, spürte ich den Schmerz dieses jungen Mannes sofort. Umso deutlicher zeigte sich mir, wie wichtig Angebote wie die der HipHop Academy sind. Angebote nicht nur zur Förderung von Kindern und Jugendlichen, sondern auch zur Verarbeitung von zum Teil schwer lastenden Erfahrungen.

Um Menschen also als Mitstreiter und Mitstreiterinnen für welche Art von Projekten auch immer zu gewinnen, sollten wir innovative Lösungen anbieten und von diesen überzeugt sein. Resonanz erzeugen wir dann, wenn wir es schaffen, unsere Begeisterung für ein Projekt und auch unsere Überzeugung von seiner Wichtigkeit weiterzugeben.

DEINE GESCHICHTE MACHT DEN UNTERSCHIED

Bei der Frage, wie wir Begeisterung für etwas vermitteln, steht Storytelling an zentraler Stelle. Eine Rede, die mit einer Geschichte beginnt, hat gute Chancen, Aufmerksamkeit zu wecken und zur guten Rede zu werden. Geschichten machen den Unterschied, sie sind das, was hängen bleibt. Bei Disney hatten wir die Aufgabe, beim Erscheinen eines neuen Films dessen Handlung möglichst begeisternd in Geschichten nachzuerzählen. Wir lernten, die Charaktere nicht nur zu beschreiben, sondern ihre Eigenarten und besonderen Züge durch unsere Art zu sprechen wiederzugeben. Nicht jeder der Lizenznehmer hatte jeden Disney-Film gesehen. Durch unsere Erzählungen sollten wir den Produktentwicklern einen lebhaften Eindruck von Geschichte und Einzelcharakteren für ihre Figurendarstellung vermitteln.

Storytelling beschreibt eine Methode, bei der durch das Erzählen von Geschichten Inhalte emotionalisiert und Informationen und Botschaften indirekt vermittelt werden. Dadurch, dass Emotionen geweckt werden, werden Inhalte für das Publikum einprägsamer. Es findet natürlich nicht nur bei der Vermarktung von Disney-Filmen Anwendung, sondern auch im Marketing und Vertrieb zahlloser anderer Branchen. Mithilfe von Geschichten sollen Menschen für Produkte oder Dienstleistungen begeistert werden, was so mit nackten Fakten zu Produkteigenschaften nicht ansatzweise möglich wäre. Vielmehr wird erzählt, warum sich Menschen für ein bestimmtes Produkt oder eine Dienstleistung entscheiden sollten. Da durch Geschichten sehr schnell Aufmerksamkeit, Interesse und Gefühle geweckt und Informationen eingängig vermittelt werden können, ist es naheliegend, auf Storytelling auch für eine Projektvorstellung vor potenziellen Unterstützern und Unterstützerinnen zurückzugreifen. Bei Herzensprojekten können die Geschichten erzählt werden, die zeigen, warum dieses Projekt so eine große Bedeutung hat.

DIE ECHTHEIT EINER GESCHICHTE

Wie aber lassen sich Geschichten zu einem Projekt erzählen? Und welche Geschichten dazu sind erzählbar? Nach dem Grundsatz der Authentizität ist es bei der Kunst des Bittens zunächst einmal wichtig, dass wir stets bei wahren Geschichten bleiben.

> Es geht darum, zu einem Thema hinzuführen, und nicht darum, manipulierende Geschichten zu erfinden.

Storytelling lässt sich gut im privaten Umfeld üben. Hier wird ohnehin meist zum ersten Mal über ein bestehendes Herzensprojekt gesprochen. Um dich gut darauf vorzubereiten, eine Geschichte zu einem Projekt auch anderen zu präsentieren, empfehle ich, sie vorher einmal aufzuschreiben. Elemente eines Storytelling-Aufbaus sind Einleitung, Beschreibung der Ausgangssituation, Erläuterung der Herausforderung, Höhepunkt, Lösungsansätze für die Herausforderung und Schluss. Zunächst geht es nach einer kurzen Einleitung also darum, die Ausgangssituation darzustellen,

Storytelling
ein Bild
in die passende

liefert Menschen und versetzt sie Gefühlswelt.

das Projekt oder Vorhaben zu erläutern und zu erklären, welche Zielgruppe erreicht werden soll. Hierdurch soll das Interesse der Angesprochenen geweckt werden. Durch die Darstellung der besonderen Herausforderungen und deren Auswirkungen auf die Zielgruppe gewinnt eine Geschichte an Spannung. Der Höhepunkt einer Geschichte ist gleichzeitig der Höhepunkt der Spannung und markiert außerdem den entscheidenden Moment für die Wendung der Geschichte hin zu den Lösungsansätzen und der damit verbundenen besonderen Aufgabe. Eine Call-to-Action bildet den Schluss einer Geschichte. Diese Teile werden in einer Geschichte zu einem Ganzen gebracht, sodass sich das Projekt als bildhafter Ablauf bei den Angesprochenen in der Vorstellung festsetzt und sie in unsere Gefühlswelt geführt werden. Sie werden vielleicht nicht die ganze Geschichte behalten, aber sich an die vermittelten Gefühle erinnern. Die ganze Geschichte arbeitet auf die Bitte hin. Je klarer sie in der Vorbereitung ausformuliert wurde, desto besser kann sie vermittelt werden. So erhalten potenzielle Unterstützende eine Basis, auf der sie ein Projekt einordnen und über eine Beteiligung entscheiden können.

AUTHENTISCH SEIN BEDEUTET, MAN SELBST ZU SEIN

Da wir in den meisten Fällen keine Gegenleistung anbieten, wenn wir eine Bitte äußern, brauchen die Angesprochenen eine andere Motivation für eine Beteiligung. Eine gemeinsame Vision ist das eine, Sympathien füreinander sind das andere. Sympathie öffnet den Weg zu einer möglichen Verbindung. Ob davon ausreichend vorhanden ist, werden wir nur herausfinden, wenn wir zeigen, wie wir ticken. Denn nur, wenn es auch zwischenmenschlich passt, wird die gebende Seite bereit sein, mitzumachen. Ob es passt – das werden wir erst in persönlichen Gesprächen herausfinden. Je mehr wir in der Lage sind, zu zeigen, wer wir wirklich sind, desto besser kann auch die andere Seite herausfinden, ob eine Verbindung passt.

Was bedeutet es, echt und man selbst zu sein? In der Selbstbeobachtung können wir feststellen, wie wir in unterschiedlichen Situationen agieren. Oft versuchen wir uns vor wichtigen Terminen gedanklich darauf einzustellen, um in der Situation eine bestimmte Rolle zu spielen. Ganz wir selbst sind wir dann nicht mehr. In gewisser Weise versuchen wir uns gut zu vermarkten. Echt zu sein bedeutet jedoch, uns so zu zeigen, wie wir sind, und unseren Werten treu zu bleiben.

Authentisch sind wir, wenn das, was andere von uns wahrnehmen, dem entspricht, wer wir sind.

Im Umgang mit unseren engsten Freunden sind wir ehrlich und offen, sprechen über unsere Gedanken und tauschen uns aus. Es wäre wesentlich einfacher, sich auch in professionellen Situationen eher genauso zu verhalten, sich also nicht zu verbiegen. Denn dann agieren wir authentisch, wirken entspannt und nicht angestrengt. Im Grunde müssen wir auch nicht vorgeben, eine Person zu sein, die wir nicht sind. Sich zu verstellen, ist auf Dauer ermüdend und vor allem noch nicht einmal wirklich zielführend.

HUMOR UND SCHLAGFERTIGKEIT SORGEN FÜR POSITIVE ATMOSPHÄRE

Wenn Menschen, die sich für ein Projekt verbinden, das von der einen Seite aktiv betrieben und von der anderen finanziell oder mit Rat unterstützt wird, sich in ihren Werten noch so ähneln – ihre Ausgangssituationen bleiben unterschiedlich. Die bittende Seite brennt für ein Herzensprojekt, eine Vision, und setzt ihre Priorität ganz auf die Projektrealisierung. Die gebende Seite dagegen stellt einen Teil ihrer meist knappen Zeit zur Verfügung, ihr Kerngeschäft hat womöglich so gut wie nichts mit dem betreffenden Projekt zu tun. Menschen, die helfen, bieten ihre Unterstützung oft in ihrer Freizeit an. Wie immer gibt es Ausnahmen, nämlich Unterstützende, die hauptberuflich helfen. Das sind beispielsweise Personen, die in fördernden Stiftungen im gesellschaftlichen Bereich arbeiten. Sie stellen finanzielle Mittel für gesellschaftliche Projekte zur Verfügung.

Diejenigen aber, die einen Teil ihrer Freizeit der Unterstützung diverser Projekte widmen, werden sich zwischen einer Vielzahl an geschäftlichen Terminen nur dann für solch zusätzliche Termine entscheiden, wenn sie einen Zweck in einer Verbindung erkennen und eine positive Grundstimmung herrscht.

Und was eignet sich besser, um eine angenehme Gesprächssituation zu erzeugen und Anwesende freundlich zu stimmen? Humor kann helfen, Spannungen abzubauen oder erst gar nicht aufkommen zu lassen, eine Situation aufzulockern und eine freundliche Gesprächsrunde zu schaffen.

Humor hilft, die Atmosphäre aufzulockern.

Verbindender Humor ist ein erfolgreiches Mittel, den Umgang mit anderen angenehm und entspannt zu gestalten, denn gemeinsames Lachen verbindet. Es geht nicht darum, ständig Witze zu reißen, sondern offen für Situationen zu sein, in denen Humor angebracht sein könnte. Humorvoll und schlagfertig zu kommunizieren, kann ein wahrer Türöffner sein, so wie allerdings forcierter, aggressiver Humor das genaue Gegenteil bewirken kann. Daher ist es ratsam, eine gewisse Vorsicht zu wahren. Nichts spricht jedoch gegen schlagfertige Reaktionen, die aus einer verkrampften Gesprächssituation im Handumdrehen eine lockere Unterhaltung machen können. Aber auch hierbei gilt: nichts erzwingen. Und vor allem: respektvoll bleiben.

Schlagfertigkeit überzeugt durch ihre Schnelligkeit und Treffsicherheit.

DIE WIRKUNG VON SCHLAGFERTIGKEIT

In Kombination mit Charme und einer Portion Humor kann Schlagfertigkeit das richtige Mittel sein, wenn wir von einer Aussage überrascht werden. Voraussetzung ist allerdings auch hier das feine Gespür: Denn die Grenze hin zur Verletzung oder Respektlosigkeit ist fließend. Gelingt es, Schlagfertigkeit respektvoll anzubringen, können Verbindungen zwischen Menschen sogar gestärkt werden.

Besondere Vorsicht ist in der Kommunikation mit dem C-Level geboten, hier sind die Grenzen für Schlagfertigkeit und Humor wohl am engsten gesetzt. Generell gilt es, im beruflichen Kontext die Hierarchieebenen zu beachten, bevor wir unserer Schlagfertigkeit freien Lauf lassen. Auf der anderen Seite kann eine überlegtsouveräne Reaktion auf unerwartete, »humorvolle« Äußerungen manchmal sehr auflockernd sein. Auf überraschende Bemerkungen – negativer wie positiver Art – können wir respektvoll mit Humor, Gegenfragen, ehrlichen Antworten oder weiterführenden Informationen reagieren.

Ein Beispiel: Mit einem meiner Projekte haben wir die Vision bei einem erfolgreichen Unternehmer präsentiert. Wir waren sehr gut vorbereitet und konnten ihn für die Angebote begeistern. Bei einem Punkt der Präsentation hakte er jedoch sehr kritisch nach und brachte die Projektverantwortlichen kurz aus dem Konzept. Sie waren verunsichert. Der Unternehmer hatte einen Blind Spot getroffen. Es kann immer wieder passieren, dass man trotz guter Vorbereitung Reaktionen zu einer Präsentation erfährt, die überraschen. Deshalb sollten wir innerlich immer gewappnet sein für derartige unerwartete Einwürfe. Was bleibt in so einem Fall? Sich für das Gesagte zu bedanken und den Gespächspartner nach Vorschlägen für mögliche Maßnahmen oder Lösungen zu fragen. Das gibt neben dem Input dem Gespräch wieder eine positive Wendung.

Auch Ehrlichkeit ist ein gutes Mittel, um schnell auf überraschende Aussagen zu antworten. Wenn beispielsweise die andere Seite aufzeigen möchte, dass eine Idee so nicht funktionieren kann. Auf solche kritischen Einwände können wir ehrlich antworten und erklären, was wir uns dabei gedacht haben und dass der frühere Umgang mit ähnlichen Situationen zeige, dass dieser Ansatz funktionieren könnte. Kritische Anmerkungen und tiefergehende Fragen geben uns wertvolle Impulse für ein Konzept, das vielleicht doch noch nicht ganz ausgefeilt ist oder auch in seiner Idee nicht klar und deutlich genug kommuniziert worden ist. In beiden Fällen handelt es sich um hilfreiches Feedback.

Ein weiteres Beispiel: Einer meiner Kunden bat einen Unternehmer um finanzielle Unterstützung für ein gesellschaftliches Projekt. Dass dieser die Höhe der Kosten infrage stellte, verärgerte meinen Kunden zunächst, ohne dass er sich allerdings etwas anmerken ließ. Er bestätigte im Gegenteil die kritisch gemeinte Aussage zur Höhe der Kosten und führte anschließend die einzelnen Kostenarten samt Begründung auf, um so erneut auf die veranschlagte Summe zu kommen. Das machte dem Gesprächspartner klar, dass die Höhe der Kosten durchaus ihre Berechtigung hatte.

Wenn es gelingt, im Umgang miteinander respektvoll schlagfertig zu sein, können Situationen entkrampft und Gespräche angenehm weitergeführt werden, und alle Beteiligten gehen mit einem guten Gefühl aus dem Gespräch.

DIE GESCHWINDIGKEIT EINER REAKTION

Schlagfertigkeit ist für andere nur dann zu verstehen, wenn sie unmittelbar nach dem Gesagten angewandt wird. Für schnelles Reagieren in der Kommunikation ist gutes Zuhören erforderlich. Nur wer bei Gesprächen gut zuhört, ist in der Lage, auf unerwartete Bemerkungen treffend und schnell zu reagieren. Geistesgegenwart und Witz bringen Schlagfertigkeit zum Funktionieren. Wer in Gedanken den weiteren Gesprächsverlauf durchspielt oder sich mit ganz anderen Themen beschäftigt, wird die Situationen, in denen schlagfertige Reaktionen angemessen wären, nicht erkennen.

Die Grenze zwischen angemessener Schlagfertigkeit und ungewollter Verletzung verläuft fließend. Aus einer schlagfertigen Antwort kann ein verbaler Angriff werden, wenn Ironie oder sogar Sarkasmus zum bissigen Mittel werden für eine mehr oder weniger gezielte Verletzung einer Person.

Schlagfertigkeit trägt also dann zu einer positiven Grundstimmung im Gespräch bei, wenn dort

- **ein empathischer Umgang miteinander gepflegt wird,**
- **die Kommunikation respektvoll ist,**
- **die Gesprächsführung stets professionell bleibt und**
- **ein freundlicher und wohlwollender Tonfall Gesprächsgrundlage ist.**

KURZ UND KNAPP: SIEBEN DINGE, AUF DIE ES ANKOMMT

- Offenheit: Festzustellen, dass die meisten Menschen es gut meinen mit uns, gelingt nur, wenn wir offen sind und ihnen die Möglichkeit geben, das zu zeigen.
- Selbstbewusstsein: Das passende Mindset ist wichtig für unser Selbstbewusstsein. Nonverbale Ausdrucksweisen wie Mimik und Blicke sollten wir nicht automatisch auf uns beziehen, wie wir generell andere nicht nach der äußerlichen Erscheinung beurteilen sollten.
- Respekt: Respekt zeigt sich darin, eine erbrachte Leistung anzuerkennen.
- Empathie: Gefühle, Gedanken, Motive anderer zu verstehen und nachzuempfinden, zeugt von empathischem Verhalten.
- Die Gabe zu begeistern: Begeistern können nur die, die selbst das Feuer in sich tragen. Der Funke muss überspringen.
- Authentizität: Wenn das, was andere von uns wahrnehmen, dem entspricht, wer wir wirklich sind, sind wir authentisch.
- Humor und Schlagfertigkeit: Beides hilft, Situationen zu entkrampfen und eine lockere Atmosphäre zu schaffen.

6

VOM ONE-DAY-STAND ZUR LANGFRISTIGEN BEZIEHUNG

FAHRSTUHL ZU LANGFRISTIGEN BEZIEHUNGEN

Der allmähliche Aufbau von langfristigen geschäftlichen Beziehungen lässt sich in ein Bild eines hochfahrenden Fahrstuhls bringen. Mit jeder nächsten Etage erreicht eine Beziehung eine neue Qualität: Anfänglich tastende Gespräche werden von Mal zu Mal intensiver, gegenseitiges Vertrauen wächst und allmählich stellt sich Verbundenheit ein, die den Umgang miteinander selbstverständlich macht. Menschen, die aufgrund geteilter Visionen und gleicher Werte zu einem ersten Gespräch zusammenkommen, werden, wenn sie authentisch sind, offen kommunizieren und gegenseitige Sympathie empfinden, schnell zueinanderfinden. Damit ist die Grundlage für ein positives Ergebnis, sprich die Zusammenarbeit, gegeben. Wie in jeder anderen langfristigen Beziehung kann es auch in geschäftlichen Verbindungen zu Irritationen und Missverständnissen kommen, manchmal also, um das Bild noch einmal aufzunehmen, kann die gemeinsame Fahrt im Fahrstuhl nach oben hängen bleiben.

Wenn es mal nicht weitergeht, sollte das niemanden aus der Bahn werfen. Dass eine geschäftliche Beziehung sich nicht weiterentwickelt, kann passieren und ist nicht ungewöhnlich. Das kann gewollt sein, wenn ein Match für eine Seite nicht funktioniert oder Prioritäten anders gesetzt werden (müssen), oder es passiert ungewollt, wenn Beteiligte mit einer Beziehung nicht achtsam umgehen. Doch selbst dann lassen sich – wenn alle dazu bereit sind – noch Mittel und Wege finden, um korrigierend einzugreifen und am Ende wieder gegenseitiger Wertschätzung und Dankbarkeit für die Kooperation Raum zu geben.

FAHRSTUHL
LANGFRISTIGER
BEZIEHUNGEN

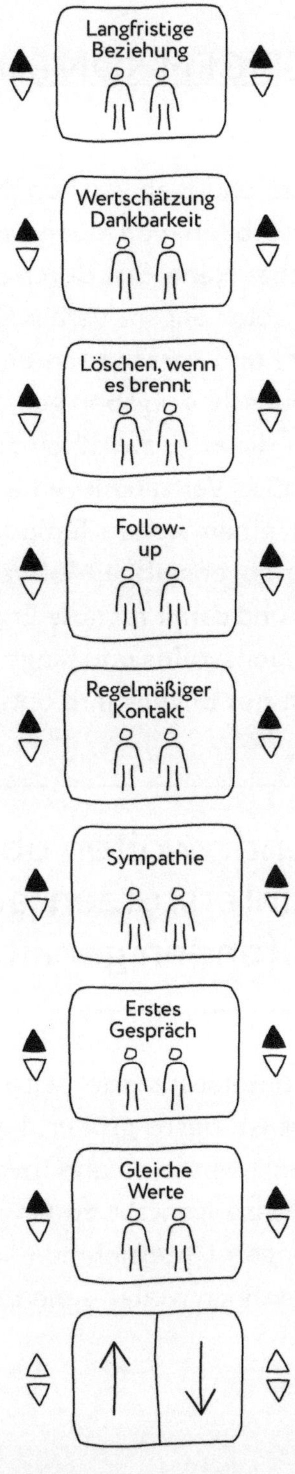

IN REGELMÄSSIGEM KONTAKT STEHEN

Wie in privaten Beziehungen suchen Menschen auch im Geschäftsleben nach stabilen, vertrauensvollen Verbindungen und zwischenmenschlicher Nähe. Erst durch langfristiges Zusammenarbeiten lassen sich solch engere Verbindungen aufbauen. Die sind nicht nur angenehm und verschaffen ein gutes Gefühl, sondern stärken auch den Wunsch, Aufgaben gemeinsam und zielorientiert zu lösen. Menschen, die enge zwischenmenschliche Beziehungen pflegen und ein großes Vertrauensverhältnis haben, reagieren in beide Richtungen in einem hohen Tempo. So ein Verhältnis ist die beste Grundlage für gegenseitige Motivation und Inspiration, für effizientes Arbeiten und damit für gute Ergebnisse. Wenn wir in der Lage sind, ein vertrauensvolles und langfristiges Verhältnis aufzubauen, hat die Kunst des Bittens ihre optimale Wirkung erzielt.

> Gebende wollen über Projekte, die sie unterstützen, auf dem Laufenden gehalten werden.

Und je besser die unterstützende Seite über den Verlauf eines Projektes informiert ist, desto größer die Chance, es gemeinsam zum Erfolg zu führen. Investoren und Investorinnen von Start-ups möchten beispielsweise Kontakt zu Gründenden halten, um die Entwicklung der jungen Unternehmen konstruktiv zu begleiten. Spender und Spenderinnen wollen sehen, was mit ihrer finanziellen

Unterstützung erreicht werden kann, Mentoren und Mentorinnen sind daran interessiert, zu beobachten, inwieweit sie mit ihrer beratenden Hilfestellung die Entwicklung ihrer Mentees positiv unterstützen. Im regelmäßigen Austausch zu stehen mit unterstützenden Menschen heißt, diesen jederzeit vermitteln zu können, welchen Impact ihre Hilfe bewirkt, wie ihr Rat umgesetzt wurde und welche neuen Perspektiven sich aus der Kooperation ergeben. Der Vorteil, den es für Bittende aus Non-Profit-Projekten, Start-ups oder auch Einzelprojekten bedeutet, langfristig auf Unterstützung zählen zu können, liegt auf der Hand: Durch eine längerfristige Unterstützung können Projekte nachhaltig aufgebaut werden.

Josef Brunner, Unternehmer, Investor, Mentor und Autor des Buches *Follow the pain*, begleitet Gründer und Gründerinnen auf ihrem Weg zu einem erfolgreichen Start-up. Ich habe Josef gefragt, was ihm wichtig ist bei der langfristigen Unterstützung von Mentees: »Ich unterstütze nur langfristig. Mentoring kann nur dann funktionieren, wenn wir über einen längeren Zeitraum zusammenarbeiten. Wenn wir nicht langfristig an den Dingen arbeiten, kommen wir nicht vom Fleck.« Deshalb prüft Josef, bevor er sich für ein Mentoring entscheidet, als Erstes, ob er einem Mentee überhaupt helfen kann. Kann er das als gegeben voraussetzen, geht es darum herauszufinden, ob für eine Zusammenarbeit die menschlichen Voraussetzungen passen. Wenn auch das der Fall ist, ist für den weiteren Verlauf wichtig zu beobachten, ob ein Mentee Verabredungen einhält und im »Programm« immer auf dem Laufenden ist. Eine letzte und wichtige Frage für Josef ist, ob das Projekt echte Fortschritte macht.

Wenn diese Schritte gegeben sind, steht einer langfristigen Zusammenarbeit nichts im Wege.

Bevor wir andere um Unterstützung bitten, sollten wir uns diese Kriterien bewusst machen. Das heißt, wir sollten nur Menschen ansprechen, die uns sowohl in praktischer Hinsicht – also bezogen auf die Möglichkeiten einer Unterstützung – wie auch in inhaltlicher Hinsicht – bezogen auf die Vision und das Projektziel – helfen können. Ob wir auf der rein menschlichen Ebene dann zusammenfinden, wird sich erst im Laufe der Zeit erweisen. Was wir aber immer tun können und auch tun sollten, ist, zu zeigen, dass wir all-in sind und Fortschritte machen wollen. Das geht am besten, wenn wir in regelmäßigem Kontakt stehen und über den Verlauf unseres Projektes berichten. Denn Menschen wie Josef Brunner wollen, wie wir gesehen haben, in einen Prozess, den sie unterstützen, eingebunden sein. Dadurch entsteht Transparenz.

Agata Klaus, die Geschäftsführerin der Deutschen Nationalstiftung, sieht sich als Bittende. Ihre Stiftung besteht ausschließlich aus privaten Mitteln. Netzwerke und eine enge Beziehung zu Menschen, die die Stiftung unterstützen, spielen eine große Rolle. Um langfristige Beziehungen aufzubauen, sei Fingerspitzengefühl gefragt, sagt sie. Es gilt auf der einen Seite, Menschen regelmäßig und gut zu informieren, aber diese auf der anderen Seite auch nicht zu überfordern.

Der regelmäßige Kontakt lässt sich durch Berichte, Briefe, E-Mails oder Telefonate halten und natürlich durch persönliche Treffen. Wie oft und wie detailliert die Unterstützer auf dem Laufenden gehalten und über den Status quo eines Projekts informiert werden wollen, wird sich im aufmerksamen Austausch schnell herausstellen.

EINE ERNEUTE KONTAKTAUFNAHME

Bekanntschaften, die wir auf Netzwerktreffen, einer Messe oder auch im kleineren Rahmen machen, könnten der Beginn einer beruflichen Beziehung sein, möglicherweise sogar einer langfristigen. Dafür sollte aber möglichst nicht das passieren, was die meisten von uns kennen: Spätestens nach drei Wochen sind die Namen der Gesprächspartner wie auch die genauen Inhalte von Gesprächen verblasst, wenn nicht ganz vergessen. Was bleibt, ist eine vage Erinnerung an etwas, das später plötzlich wieder wichtig erscheint. Wie im Kapitel über Netzwerke beschrieben, können wir bei einem ersten Gespräch gar nicht wissen, wo es uns hinführt und ob es überhaupt zu etwas führt, zum Beispiel zu einer Wiederholung. Möglich, dass uns eine Person oder ein Gespräch zu einem späteren Zeitpunkt in ganz anderem Zusammenhang wieder in den Kopf kommt und wichtig erscheint. Vielleicht möchten wir unsere Unterhaltung von damals gerne fortführen und den Kontakt dafür nochmals aufnehmen. Jetzt wäre hilfreich, wenn wir zu Namen und Gespräch kleine Details erinnern würden. Es ist daher empfehlenswert, direkt nach einem Gespräch kurze Notizen zu machen. Ich erledige das unmittelbar nach jeder Veranstaltung. Die Namen der Gesprächspartner können zum Beispiel, so wie ich es mache, der jeweiligen Veranstaltung oder dem zugehörigen Unternehmen zugeordnet werden. So habe ich später Anhaltspunkte bei der Suche nach ihnen und kann sie wiederfinden. Außerdem mache ich mir in meinem Adressbuch unter Notizen Stichpunkte zu den Personen: zu den jeweils besprochenen Themen und ihren besonderen Interessen. Allein, dass ich mir Notizen mache, hilft mir, mich auch später noch an ein Gespräch zu erinnern. Und sie liefern für eventuelle Folgetreffen Stichpunkte, um problemlos in ein erneutes Gespräch einzusteigen.

Worauf wir bei unseren Notizen unbedingt achten sollten: die Namen in korrekter Schreibweise festzuhalten, um später durch falsch geschriebene Namen erzeugte Irritation zu vermeiden. Sorgfalt gilt auch für die Nennung eventuell vorhandener Titel, die Bestandteil des Namens sind. Nicht alle Titelträger legen hier Wert auf Vollständigkeit, fürs Erste empfiehlt sich aber, diesen mit zu nennen – es sei denn, Personen weisen explizit darauf hin, dass sie keinen Wert darauf legen.

ICH-BOTSCHAFTEN IM GESPRÄCH

Um sich die Option für die Wiederaufnahme eines Gesprächs offenzuhalten – sei es aus Gründen von Sympathie oder von geteilten Themen und Interessen –, ist es gut, das erste Gespräch mit einer Ich-Botschaft, bei der wir ankündigen, dass wir den nächsten Schritt machen, zu beenden. Denn aus dem Gespräch mit einer viel gefragten Person mit einem höflichen Wunsch wie »Ich würde mich freuen, wenn Sie sich melden« zu gehen, wird kaum Folgen haben. Diejenigen, die wir um Unterstützung bitten, haben oft so viele Gespräche, dass sie diese im Anschluss gar nicht weiterverfolgen können. Ist uns eine Wiederholung wirklich wichtig, sollten wir klare Initiative zeigen: »Vielen Dank für das Gespräch. Ich würde mich gerne in den nächsten Tagen bei Ihnen melden und Ihnen etwas mehr über unser Projekt erzählen.« Mit so einem Gesprächsabschluss geben wir einem Wunsch offen Ausdruck und den nächsten Schritt – eine Terminvereinbarung – vor. Je klarer wir bereits zu diesem Zeitpunkt sind, desto einfacher wird auch für uns der Schritt des Wieder-in-Kontakt-Tretens.

Ich-Botschaften sind ein effektives Selbstmanagement-Tool. Nach einer Ich-Botschaft gibt es kein Zurück mehr. Wer etwas angekündigt hat, sollte genau das tun. Es wäre fast unhöflich, sich nicht daran zu halten. Und genau das machen wir uns leichter, wenn wir den Zeitraum bis zum Folgegespräch nicht zu groß werden lassen. Hier gilt: Nicht allzu lange darüber nachdenken. Wenn wir einen Impuls haben, dass wir den Kontakt gerne vertiefen würden, sollten wir ihn auch so schnell wie möglich wieder aufnehmen. Liegen ein paar Wochen zwischen den Gesprächen, wird eine erneute Kontaktaufnahme eher schwieriger.

> Lieber einmal beherzt die Komfortzone verlassen, als nur lange darüber nachzudenken.

Ich weiß, dass eine erneute Kontaktaufnahme nicht immer einfach ist. Es erscheint manchmal komisch, sich zu einem späteren Zeitpunkt noch einmal zu melden. Die Managementtrainerin und Sachbuchautorin Vera Birkenbihl hat in einem Vortrag ein Phänomen beschrieben: Wenn wir das Gespräch mit einer bestimmten Person suchen und es nur etwa zwei Minuten lang schaffen, vorzugeben, selbstsicher zu sein, gelten wir in den Augen der anderen Person als selbstsicher und es entsteht ein Gespräch. Der Kniff daran ist: Sobald das Gespräch läuft, gewinnen wir selbst tatsächlich an Sicherheit und werden souverän. Nach wenigen Minuten kommen wir auf diese Art und Weise wieder in unserem Wohlfühlgefühl an. Man kann es auch ganz kurz ausdrücken: Fake it till you make it.

ERNEUTE KONTAKTAUFNAHME OHNE VORAUSGEGANGENE ICH-BOTSCHAFT

Für den Fall, dass wir es versäumt haben, eine erneute Kontaktaufnahme in einem ersten Gespräch anzukündigen, die Ich-Botschaft also fehlt, bleibt: spontan eine Nachricht zu schreiben. Die dafür nötigen Kontaktdaten lassen sich ja heutzutage zum Glück leicht und schnell ermitteln. Ich habe schon Menschen, die mich in einer Talkshow durch ihren authentischen Auftritt berührt haben, angeschrieben und ihnen gesagt, wodurch sie mich bewegt haben. Von den meisten habe ich eine Antwort erhalten – und nicht nur das: Viele davon zeigten sich erfreut über ein nettes Feedback. Allerdings sollten wir in solchen Fällen keine allzu großen Erwartungen haben im Hinblick auf die erhofften Reaktionen. Auch zu einem Vortrag, der uns beeindruckt hat, oder zu Gesprächen, die angenehm in Erinnerung sind, können wir entsprechend positive Rückmeldung geben. Hier sind die Erfolgschancen größer als bei Kontakten, die wir nur im Fernsehen gesehen haben. Sicher wird nicht aus jeder kurzen Nachricht immer ein Gespräch hervorgehen. Ob dies geschieht, hängt von vielen Faktoren ab.

Nachrichten an andere sollten kurz und knapp sein und einen Bezug zu einer bereits erfolgten Verbindung herstellen. Die von Marshall B. Rosenberg entwickelte Methode zur sogenannten gewaltfreien Kommunikation[31] bietet ein Handlungskonzept, das darauf abzielt, aus zwischenmenschlichen Beziehungen kommunikativ ein respektvolles Miteinander zu machen und Konflikte auf eine kooperative Weise zu lösen. Die gewaltfreie Kommunikation soll helfen, eigene Gefühle und Bedürfnisse zu erkennen, ehrlich und klar zu kommunizieren und empathisch auf die Gefühle anderer einzugehen. Dieses Methode ist auch auf das Vorgehen bei einer

Kontaktaufnahme übertragbar. Denn Ich-Botschaften und konstruktives Feedback als wesentliche Mittel zur gelingenden Bewältigung von Konfliktsituationen eignen sich gleichermaßen für den Aufbau langfristiger geschäftlicher Beziehungen. Das Muster liefert die sogenannte 3W-Regel, die besagt, dass gelingende Kommunikation auf der Basis von **W**ahrnehmung, **W**irkung und **W**unsch möglich ist. Danach gilt die Schrittfolge:

1. **Wahrnehmung: Ich habe festgestellt, dass …**
2. **Wirkung: Das gibt mir das Gefühl, dass …**
3. **Wunsch: In Zukunft wünsche ich mir, dass …**

Diese Struktur ist immer die gleiche, auch in der Übertragung auf eine Kontaktaufnahme. Wir beschreiben also zunächst eine Situation, die wir wahrgenommen haben, erklären dann die Wirkung, die die Situation auf uns hat, und äußern zum Schluss einen Wunsch. Das ermöglicht uns, andere zunächst einmal abzuholen, bevor wir kommunizieren, worum es uns geht und was wir uns wünschen.

Für eine erneute Kontaktaufnahme können wir also anhand dieser Regel zunächst beschreiben, wann das erste Zusammentreffen stattgefunden hat (Wahrnehmung und Beschreibung der Situation), dann erläutern, warum wir es als positiv wahrgenommen haben (Wirkung), und schließlich unseren Wunsch äußern. Beispiel:

1. **»Hallo, Herr Meier, gestern trafen wir uns auf der OMR nach Ihrem Vortrag auf der Yellow Stage. Wir sprachen über nachhaltige Programme für Jugendliche.« (Wahrnehmung und Beschreibung der Situation)**
2. **»Vielen Dank, dass Sie sich die Zeit für mich genommen haben, obwohl die Sicherheitsleute mich zunächst ja abhalten**

wollten. Unser Gespräch hat mir wertvolle Impulse gegeben und mich auch danach noch lange beschäftigt.« (Wirkung)

3. **»Dabei ist mir noch ein Aspekt in den Kopf gekommen, den ich gerne mit Ihnen besprechen würde. Darf ich Sie diesbezüglich noch einmal kontaktieren?« (Wunsch)**

Je mehr Anhaltspunkte wir geben – woher kennen wir die Angesprochenen, worüber haben wir mit ihnen gesprochen –, desto leichter machen wir es ihnen, sich unter all ihren vielen Gesprächen an uns zu erinnern. Wir können es ihnen leicht machen, indem wir uns klar und deutlich ausdrücken.

VERTRAUEN AUFBAUEN UND ERHALTEN

Generell teilen Menschen das Bedürfnis nach Bindung, weil sie aus ihr Kraft, Motivation und Energie schöpfen, sie ihnen ein Gefühl der Zugehörigkeit und auch der Dankbarkeit über die Verbindung gibt. Und das gilt nicht nur im privaten, sondern auch im geschäftlichen Bereich. Wenn wir dort Menschen finden, die ähnliche Werte und die gleiche Vision teilen, suchen wir den Austausch, der wiederum zur Grundlage für eine immer enger und vertrauter werdende Verbindung werden kann.

Ist ein enges Verhältnis erst einmal aufgebaut, werden Vertrauen und Verlässlichkeit immer wichtiger. Was angekündigt wird, sollte auch eingehalten werden, was gesagt wird, immer auch wahr und stimmig sein. Erweisen sich, was gerade im Geschäftsleben häufiger vorkommt, Abweichungen von ursprünglichen Annahmen oder Verabredungen als erforderlich, sollte das so frühzeitig wie möglich kommuniziert werden. Auch wenn es gerade Unterstützern gegenüber schwerfallen mag, die Notwendigkeit von Änderungen zu erklären, sind zeitnahe und rückhaltlose Informationen extrem wichtig, zumal wenn sich dadurch ihre Entscheidungslage ändert. Damit bieten wir ihnen Zeit und Gelegenheit für eine Reaktion, die dann sogar wertvolle Impulse enthalten kann für eine gemeinsame Lösung des entstandenen Problems.

Je enger eine geschäftliche Verbindung wird, desto intensiver werden persönliche Gespräche, die bis in den privatesten Bereich gehen können. Der Übergang von einer engen Geschäftsverbindung zu einer persönlichen Freundschaft ist oft fließend. Hier gilt dann natürlich umso mehr, entgegengebrachtem Vertrauen gerecht zu werden. Wenn jemand sich öffnet, verlässt er oder sie sich darauf, dass vertraulich Gesprochenes dort bleibt, wo es geäußert wird. Das heißt, persönliche Geschichten – auch oder gerade aus geschäftlichen Verbindungen – sollten immer genau als das behandelt werden, was sie sind – nämlich persönlich. Es ist in keiner Weise angebracht, die persönlichen Themen von einzelnen Personen weiterzugeben. Ich selbst habe es noch nie als meine Aufgabe betrachtet, persönliche Geschichten von anderen weiterzugeben, es sei denn, ich habe ihre explizite Zustimmung. Das erhoffe ich umgekehrt auch für mich, weil es zu einer vertrauensvollen Verbindung dazugehört.

Darüber hinaus versteht sich auch ein sensibler Umgang mit Kontaktdaten von selbst. Telefonnummern, E-Mail-Adressen und andere Daten, die uns vorliegen, sollten wir selbstverständlich nicht ohne vorherige Zustimmung der betreffenden Person weitergeben. Für meine Projekte stehe ich regelmäßig auch mit prominenten Menschen in Kontakt. Kürzlich wurde ich gefragt, ob ich die Handynummer eines bekannten Sängers für geschäftliche Zwecke weitergeben könnte. Es kostete mich grade mal zwei Minuten, zu klären, ob ich die Nummer weiterleiten darf.

Vertrauen ist das Fundament für langfristige Verbindungen.

FESTE ANSPRECHPARTNER ODER ANSPRECHPARTNERIN

Da enge Verbindungen immer an Personen gebunden sind, empfiehlt es sich für ein Projekt mit mehreren Beteiligten, den Austausch mit einer unterstützenden Person bei der ursprünglichen Kontaktperson zu verankern. Immer den gleichen Ansprechpartner oder die gleiche Ansprechpartnerin zu haben, sorgt für die nötige Kontinuität und Klarheit in den inhaltlichen Belangen und gibt Gebenden Orientierung für die Kontaktaufnahme. Es ist dann immer klar, bei wem sie sich melden können, um anstehende Fragen zu klären. Als Vorsorge für Krankheits- und Urlaubsfälle sollten aber möglichst auch die anderen Teammitglieder informiert sein über den jeweiligen Stand des Austauschs.

Echte Verbindungen brauchen echtes gegenseitiges Interesse.

Für den Aufbau einer langfristigen Beziehung wird es nicht reichen, wenn Bittende immer nur dann den Kontakt suchen, wenn wieder konkrete Unterstützung erforderlich ist. Gebende können sich aus dem eigentlichen Projektverlauf ausgeschlossen und auf die Rolle des reinen Geldgebers reduziert fühlen. Gleichzeitig bringen sich die Projektverantwortlichen in eine Bittstellerrolle, aus der heraus die Hemmschwelle für erneute Kontaktaufnahme immer höher werden kann.

FEEDBACK ERNST NEHMEN

Menschen, die wir um Unterstützung bitten, sind Fachleute auf ihrem Gebiet und verfügen über einen großen Erfahrungsschatz. Sie stellen also hochkompetente Beratung und Unterstützung gratis zur Verfügung – dessen sollten wir uns immer bewusst sein. Alles spricht also dafür, Rückmeldungen von ihnen ernst zu nehmen, daraus zu lernen und in die eigene Praxis einfließen zu lassen. »Easy to change« – Flexibilität und Lernfähigkeit, die den produktiven Umgang mit neuen oder veränderten Strategien erlauben, können auch oder gerade in der Zusammenarbeit mit Gebenden handlungsleitend sein.

Auch bei einer Projektarbeit sind regelmäßige Anpassungen notwendig. »Kein Projekt läuft so ab, wie es geplant ist«, sagt Stefan Schöbi von der Stiftung Schweiz. »Oft sehen die Menschen in Projekten eine Verpflichtung, das zu tun, was ursprünglich vereinbart war. Wenn die Welt aber reagiert, müssen Projekte angepasst werden – das ist ein ganz normaler Lernprozess.« Stefan Schöbi erklärt, dass Projekte signalisieren können, dass sie bereit sind, ihre Sache immer besser zu machen, indem sie Anpassungen vornehmen.

»Wenn Menschen Rückmeldungen von Unterstützenden erhalten, können sie daraus lernen und gegebenenfalls Anpassungen vornehmen.«

Stefan Schöbi

Auf Hinweise von einem Geldgeber oder einer Geldgeberin zu reagieren, ist ein Indikator für die Offenheit von Projektverantwortlichen für Weiterentwicklung und Anpassung. Stefan Schöbi rät, auf Rückmeldungen zu reagieren und das Feedback ernst zu nehmen. »Ansonsten haben Spendende das Gefühl, dass das Projektteam nur Kohle will, aber nicht in der Lage ist, zu lernen. Ein regelmäßiger Kontakt und zu erzählen, wie es weitergegangen ist, zeigt, dass das Wissen und die Unterstützung wertgeschätzt wird.« Stefan Schöbi empfiehlt, eine Art Ampelsystem für Zwischenresultate zu nutzen: Stehen alle Zeichen auf Rot, ist das Projekt nicht auf Kurs. Projekte, die entweder gar nicht kommunizieren oder immer nur berichten, dass alle Zeichen auf Grün sind, sind auch nicht auf Kurs. Er geht in so einem Fall davon aus, dass Verantwortliche nicht lernen. Am liebsten arbeitet Stefan Schöbi mit Projekten zusammen, deren Ampelanzeigen gemischt ausfallen. Immer, wenn bei einem Projekt die Ampel auch Rot zeigte, war das für ihn als Investor Anlass nachzufragen, ob er etwas tun, ein Sparring anbieten und sich besondere Herausforderungen mit dem Projektteam ansehen könne.

Wir können daraus lernen, dass andere nur helfen können, wenn sie von einem Problem wissen. Dann werden sie versuchen, gemeinsam mit uns Lösungen zu suchen. Sie beginnen, selbst über Maßnahmen nachzudenken, und fungieren als Verstärker. Dadurch, dass Unterstützer und Unterstützerinnen informiert sind, ist ihnen die Gesamtsituation bewusst und sie werden ihrerseits auf das Thema aufmerksam machen, um so möglicherweise wie im Schneeballsystem immer weitere Unterstützung zu mobilisieren.

DIE BESONDERHEIT MIT DER ZEIT

Auch wenn die Menschen, die ihre Unterstützung geben, gerne bereit sind, Zeit und Mittel zur Verfügung zu stellen – ohne eine Gegenleistung dafür zu erhalten –, ist es eine Frage des Respekts, ihr Entgegenkommen immer bewusst maßvoll zu beanspruchen.

Das bedeutet zunächst einmal, ihren Terminvorschlägen nach Möglichkeit nachzukommen. Einige der Hilfsprojekte, die ich begleite, werden von Rotary oder Lions Clubs unterstützt, in denen sich die Mitglieder in ihrer Freizeit engagieren. Treffen mit Club Freunden finden abends statt, E-Mail-Kontakt zu geförderten Projekten wird ebenfalls oft an Abenden oder am Wochenende erledigt. Gleiches gilt etwa auch für ein angebotenes Mentoring, für das nur ein enger und festgelegter Zeitrahmen bleibt, in dem ein Mentee beraten werden kann. Nachrichten von Menschen, die mich oder eins meiner Projekte unterstützen, treffen häufig nach 18 Uhr und vor neun Uhr ein. Sich solchen Zeitvorgaben anzupassen, erleichtert eine Projektkommunikation ungemein. Auch mit der Dauer eines Pitchs können wir signalisieren, dass wir uns der Zeitknappheit der Angesprochenen sehr bewusst sind. In einem Elevator Pitch kommen wir schnell zum Punkt und transportieren darin alle wesentlichen Informationen zu einem

Projekt. In unserer Kommunikation mit Gebenden sollten wir also auf Anpassungsfähigkeit, Exaktheit und Schnelligkeit als Zeichen unseres Respekts achten.

Es war Samstagmorgen, als ich spontan eine Nachricht an einen Unternehmer schrieb, den ich persönlich aber nicht kannte. Ich hatte am Vorabend einen Vortrag von ihm gehört und war an diesem Morgen noch so eingenommen von dem, was er gesagt hatte, dass ich ihm unbedingt meine Gedanken mitteilen wollte. Meiner Intuition schnell zu folgen, ist für mich auch aus Gründen des Selbstmanagements wichtig. Wer weiß, ob ich mich am Montag noch getraut hätte, ihm einfach so zu schreiben. Ich erwartete, wenn überhaupt, eine Antwort frühestens zum Wochenbeginn. Tatsächlich traf sie innerhalb weniger Minuten bei mir ein. Wir schrieben ein paar Mal hin und her und verabredeten uns für einen Zoom Call in der darauffolgenden Woche. Solche Beispiele könnte ich unendlich viele liefern. Ist eine Kommunikation mit einem Vielbeschäftigten wie diesem Unternehmer erst mal gestartet, kann sie für einen Moment wie ein rasantes Pingpongspiel laufen, bis erst mal wieder Schluss ist, weil all die anderen Dinge des Arbeitsalltags wieder anstehen. Irgendwann später nimmt man den Ball vielleicht wieder in die Hand und geht in einen erneuten kurzen Schlagabtausch. Unternehmerisch denkende Menschen reagieren oft mit einer hohen Geschwindigkeit. Es ist ratsam, sich ihrem Tempo anzupassen.

> Im Kontakt mit unternehmerisch denkenden Menschen ist Schnellsein gefragt: schneller Pitch, schnelle Auffassungsgabe und schnelle Reaktion.

DIE NÖTIGE GEDULD

Doch über allem rasanten Tempo sollte die nötige Geduld nicht verloren gehen. Eine meiner Projektpartnerinnen fragte mich einmal, was wir tun können, wenn auf Anfragen an andere keine Rückmeldung kommt. Ein Mentor und Unterstützer, mit dem sie seit vielen Jahren in engem Kontakt war, hatte auf einmal den Kontakt abgebrochen. Alle ihre Mails, die sie daraufhin schrieb, blieben unbeantwortet. »War ich zu aufdringlich? Habe ich etwas Falsches gesagt?«, fragte sie mich. Dabei waren sämtliche Gespräche bisher durchgehend offen und humorvoll verlaufen und es herrschte ein freundschaftliches Verhältnis zwischen den beiden. Warum er sich diesmal nicht zurückmeldete, war ihr nicht begreiflich.

Aus eigener Erfahrung wissen wir alle, dass es Zeiten gibt, in denen es drunter und drüber geht und man von geschäftlichen oder persönlichen Herausforderungen voll und ganz in Anspruch genommen wird. In solchen Phasen müssen Prioritäten gesetzt und andere Dinge zurückgestellt werden. Wenn jemand sich also nicht wie gewohnt zurückmeldet, muss das nicht automatisch ein Zeichen von bösem Willen sein, oft fehlen in solchen Fällen schlichtweg die Kapazitäten dafür. Mein Learning ist, sich bewusst zu machen, dass eine ausbleibende Antwort in den meisten Fällen nichts mit uns zu tun hat. Wenn wir Geduld aufbringen und anderen ausreichend Zeit geben, wird sich ein Gespräch zu einem späteren Zeitpunkt ergeben.

AUF EVENTS ÜBER PROJEKTE BERICHTEN

Auch Events können ein Anlass sein, um über die Entwicklung eines Projektes zu berichten. Ein Dinner oder ein anderes Zusammenkommen in kleiner Runde kann den Rahmen bieten, um Familie, Freunde, Bekannte oder Geschäftsfreunde über ein Projekt und seinen Verlauf in Kenntnis zu setzen. Aufwendige Benefizkonzerte, Charity Dinners oder Kunstausstellungen erhöhen die Reichweite, aber auch den organisatorischen Aufwand. Egal in welchem Umfang – Events bieten eine sehr gute Gelegenheit, vor einer ausgewählten Gruppe an Menschen Projekte zu präsentieren. Wenn wir ein Format entwickelt haben, bei dem wir unsere Zielgruppe erreichen, empfehlen sich Wiederholungen. Denn ein Event ist noch keine Strategie.

Mit Torsten Rebbe und Nele Lippolis vom SOS-Kinderdorf Hamburg habe ich über das Thema langfristige Verbindungen gesprochen. Das SOS-Kinderdorf Hamburg hat im Verlauf seines fast 50-jährigen Bestehens ein umfangreiches Hilfsangebot für Kinder und Familien aus verschiedenen Hamburger Stadtteilen entwickelt: Die Ambulanten Hilfen leisten Erziehungs- oder Familienberatung, geben praktische Unterstützung, machen Krisenintervention oder auch spezielle Coachings. In Ambulanten Wohngruppen werden junge Menschen, die aus unterschiedlichen Gründen nicht mehr bei ihren Eltern leben können, auf dem Weg in ihre Selbstständigkeit begleitet, ihnen wird die Chance für Teilhabe und Bildungszugang gegeben. Um mit den Fördernden eine langfristige Verbindung eingehen zu können, hat das Team den Club der guten Kapitäninnen und Kapitäne ins Leben gerufen. Hier können sich Menschen, die hilfsbedürftige Kinder unterstützen möchten, in einem starken Netzwerk engagieren. In regelmäßigen Treffen, zu denen das Team des SOS-Kinderdorfes Hamburg einlädt, werden Mitglieder aus der Hamburger Wirtschaft über die Entwicklungen des Kinderdorfes informiert, um auf diesem Wege weitere Spenden zu mobilisieren und das eigene Netzwerk zu vergrößern.

Auch die Stiftung Kultur Palast in Hamburg lädt im Rahmen ihrer Öffentlichkeitsarbeit regelmäßig zu Veranstaltungen ein, auf denen sie ihre unterschiedlichen Projekte präsentiert, wie zum Beispiel das Projekt »Klangstrolche«[32]. Hier erhalten über 2000 Kinder zwischen sechs Monaten und sechs Jahren eine musikalische Frühförderung. Durch eine systematische und nachhaltige musikalische Frühförderung – so die Idee – soll Kindern aus benachteiligter Herkunft die Chance gegeben werden, ihr Potenzial zu entfalten und dadurch Bildungschancen zu eröffnen. Denn in den ersten sechs Lebensjahren werden die Grundlagen für die Entwicklung von Kompetenzen in allen Lebensbereichen gelegt. Musik und das eigene Musizieren sind ein Schlüssel zum Erlernen von Sprache, sozialem Verhalten, logischem Denken und Motorik. Für dieses besondere Projekt, das zu einem großen Teil aus Spenden finanziert wird, findet alljährlich das Gipfeltreffen der »Klangstrolche« in der Hamburger Laeiszhalle statt, ein Mitmachkonzert für rund 1000 begeisterte Kinder. Doch auch die Förderer und Förderinnen sind eingeladen, mitzumachen und die Begeisterung der Kinder beim gemeinsamen Musizieren hautnah mitzuerleben. Ganz nebenbei sehen sie, wie wichtig diese Angebote für Kinder sind. Um auf die Wichtigkeit dieses Themas aufmerksam zu machen, begleiten prominente Künstler und Künstlerinnen wie Rolf Zuckowski, Volkan Baydar und KiKa-Moderator Juri Tetzlaff das Projekt. Prominente Unterstützung ist von großem Wert, wenn wir andere auf wichtige gesellschaftliche Themen aufmerksam machen wollen.

> Durch prominente Unterstützung erhalten wir Aufmerksamkeit von Menschen, die wir ansonsten kaum erreichen würden.

LÖSCHEN, WENN ES BRENNT

Wie in jeder zwischenmenschlichen Beziehung wird es auch in einer langfristigen geschäftlichen Verbindung zwischen Gebenden und Nehmenden, selbst wenn sie noch so gut harmoniert, ab und an zu Missverständnissen und Irritationen kommen. Wenn sich Anzeichen davon bemerkbar machen, das Gefühl aufkommt, dass irgendetwas nicht stimmt, sollten wir so schnell wie möglich darauf reagieren. Die größte Lektion, die ich in meinem Leben gelernt habe, ist: Wenn du einen Instinkt hast, dann folge ihm, und zwar schnell.

Missverständnisse in Geschäftsbeziehungen sollten schnellstmöglich aus dem Weg geräumt werden.

Muss beispielsweise eine schlechte Nachricht übermittelt werden, sollten wir versuchen, dies schnell zu erledigen und nicht unnötig in die Länge zu ziehen. Auch eine Entschuldigung, die uns nötig erscheint, sollten wir nicht auf die lange Bank schieben. Denn haben wir einen Fehler gemacht, führt kein Weg daran vorbei, ihn anzusprechen und zu korrigieren. Wenn sich für ein Projekt die Voraussetzungen verändern, unter denen eine Kooperation eingegangen wurde, sollte auch das schnellstmöglich kommuniziert werden. Nichts ist unpassender, als Gebende über die tatsächlichen Verhältnisse im Unklaren zu lassen. Gerade ihnen gegenüber ist Ehrlichkeit und Transparenz angesagt.

Doch auch kleinere Irritationen wie zum Beispiel eine Verstimmung in der persönlichen Kommunikation sollten wir ernst nehmen und ansprechen und versuchen, die Ursachen im gemeinsamen Gespräch zu klären. Je länger wir damit warten, desto größer die Gefahr, dass eine momentane Kleinigkeit sich zum größeren Problem entwickelt. Kleine Feuer sind leicht zu löschen, je größer sie werden, desto schwerer sind sie einzudämmen. Durch zu langes Ignorieren und Warten beginnt der eigene Kopf zu arbeiten, Szenarien durchzuspielen, die immer bedrohlicher erscheinen, sodass am Ende irrationale Ängste aufkommen, die irgendwann ein Ansprechen unmöglich machen. Meist weist wie gesagt der erste Instinkt genau in die richtige Richtung.

DANKBARKEIT ZEIGEN

Als Kind habe ich von meinen Eltern gelernt, Danke zu sagen, wenn mir jemand etwas Gutes tat. Als Erwachsene habe ich gelernt, was es bedeutet, Dankbarkeit zu empfinden und zu zeigen. Wenn wir uns bedanken, erkennen wir die Leistungen und das Entgegenkommen der anderen an. Wir zeigen unsere Wertschätzung für empfangene Hilfe. Ein Danke zeigt, dass wir solche Unterstützung nicht für selbstverständlich halten und dafür unseren Respekt erweisen wollen. Dankbarkeit den Gebenden gegenüber sollte immer ehrlich gemeint sein und von innen kommen. Denn Dankbarkeit auszudrücken, nur um beim nächsten Mal wieder Unterstützung zu erhalten, macht sie zur zielgerichteten Förmlichkeit.

Die Kunst des Bittens gründet ja darauf, dass andere um Unterstützung gebeten werden, ohne dass Bittende selbst eine Gegenleistung anbieten können. Wir bitten um Rat, tatkräftige Hilfe, finanzielle und öffentlichkeitswirksame Unterstützung. Eine Hilfe, die wir nicht bezahlen können, die also alles andere als selbstverständlich ist. Umso größer ist bei den meisten, deren Bitte entsprochen wird, das Gefühl von Dankbarkeit. Und genau das sollten wir zum Ausdruck bringen.

Dank lässt sich im persönlichen Gespräch ausdrücken, am besten authentisch, ohne dabei auf Floskeln zurückzugreifen, mit einem Lächeln als Zeichen der Dankbarkeit. Gibt es für den direkten Austausch keine Gelegenheit, bleiben ein Brief oder eine E-Mail. Schriftlich lässt sich ein Dank detaillierter und überlegter formulieren, weil wir uns die Zeit nehmen können, den Gebenden etwas Bleibendes zu übermitteln. Selbstverständlich können wir anderen auch öffentlich über soziale Medien wie LinkedIn, Facebook oder Instagram danken oder einen Dank während einer Veranstaltung aussprechen. Auch wenn diese keine Gegenleistung erwarten, kann ein kleines Geschenk eine Geste der Dankbarkeit sein. Insbesondere dann, wenn dieses Geschenk etwas mit dem unterstützten Projekt zu tun hat – etwa ein Buch passend zum Projekt, eine Eintrittskarte für das Konzert, dessen Zustandekommen unterstützend begleitet wurde, oder ein T-Shirt mit Motiv für das unterstützte Projekt.

Auch für einen Dank gilt: Auf den richtigen Zeitpunkt kommt es an. Ein Dank macht vor allem Sinn, wenn er zeitnah übermittelt wird. Kaum etwas ist unangenehmer, als seine Dankbarkeit für eine Hilfe auszudrücken, die längst ihr Ende gefunden hat. Um Danke zu sagen, braucht es den passenden Rahmen und den richtigen Zeitpunkt.

> Emotionale Dankbarkeit darf und soll offen gezeigt werden.

»Vielen Dank für deine Zeit, die du dir für mich genommen hast. Dein Rat hat mir viele wertvolle Impulse gegeben und ich habe schon Ideen, wie ich sie umsetzen möchte.« Diese Art von Dankesbekundungen, die klar sagt, wofür eine Person dankbar ist, vermittelt deutlich, dass sie sich der erwiesenen Hilfe wohl bewusst und auch gewillt ist, in verantwortlicher Weise mit ihr umzugehen. Das zum richtigen Zeitpunkt gesagt oder auch geschrieben, zeigt den Respekt vor den Gebenden, die ihrerseits ihre Hilfeleistungen gut aufgehoben sehen und dadurch für Wiederholung offen sind. Mit etwas Fingerspitzengefühl finden Bittende so zu einem runden Abschluss für ein gemeinsames Projekt oder motivieren für die noch laufende Zusammenarbeit.

> Ein Danke kostet nichts, das Auslassen eines Dankes kann sich dagegen negativ auf eine langfristige Beziehung auswirken.

KURZ UND KNAPP: VOM ONE-DAY-STAND ZUR LANGFRISTIGEN BEZIEHUNG

- △ **Menschen suchen nach engen Verbindungen.**
- △ **Gebende wollen Projekte begleiten und über sie informiert werden.**
- △ **Aus einem zufälligen Erstkontakt kann durch erneute Kontaktaufnahme eine langfristige Beziehung entstehen.**
- △ **Vertrauen aufzubauen und zu erhalten, ist ein wichtiger Baustein bei langfristigen Verbindungen.**
- △ **Rückmeldungen von Unterstützenden können wichtige Handlungsempfehlungen geben und zu nötigen Anpassungen motivieren.**
- △ **Es ist wichtig, respektvoll mit der Zeit von anderen umzugehen.**
- △ **Das Ausbleiben einer Rückmeldung hat meistens nichts mit der eigenen Person zu tun.**
- △ **Events bieten eine Gelegenheit, die Entwicklung eines Projektes zu präsentieren.**
- △ **Missverständnisse in einer Geschäftsbeziehung sollten so schnell wie möglich ausgeräumt werden.**
- △ **Dankbarkeit für angebotene Hilfe darf und sollte offen gezeigt werden.**

FAZIT: SECHS LEARNINGS FÜR DIE KUNST DES BITTENS

Erstes Learning: *Grundlagen für die Kunst des Bittens*
Im Non-Profit-Bereich engagieren sich Organisationen für gesellschaftliche Aufgaben, indem sie Bedürfnisse abdecken oder Fördermaßnahmen umsetzen, ohne dabei auf Gewinn ausgerichtet zu sein. Als Staat und Wirtschaft ergänzender sogenannter »dritter Sektor« gelten in diesem Bereich deutlich andere als die sonst üblichen Regeln des Marktes. Hier kann die Kunst des Bittens zum Erfolgsfaktor werden. Denn um die nach Bedarfsanalysen entwickelten und gemanagten Projekte umsetzen zu können, müssen gemeinnützige Organisationen in aller Regel auf die Suche nach potenziellen Unterstützern und Unterstützerinnen gehen. Die Projekte selbst zielen entweder auf den Bereich des Sozialen, der Kultur oder der Ökologie und sind dabei oft an Zielgruppen gerichtet, die nicht die Möglichkeiten haben, für sich selbst Maßnahmen zu ergreifen beziehungsweise für Hilfsangebote zu bezahlen. Daher werden Spender oder Spenderinnen gesucht, die bereit und in der Lage sind, gesellschaftliche Verantwortung zu übernehmen. Sie tragen dazu bei, dass Organisationen ihre Angebote realisieren können. Die Bereitschaft dazu wird bei ihnen am ehesten dann geweckt, wenn die für ein Projekt kommunizierten Wertvorstellungen mit ihrem eigenen Wertegerüst übereinstimmen. Nur wenn geteilte Interessen und Vorstellungen das gemeinsame Fundament bilden, kommt es zu einer Kooperation und letztlich Unterstützung eines Non-Profit-Projekts. Daraus folgt: Je klarer du deine Vision kommunizierst und je nachvollziehbarer du eine Bitte um Unterstützung zu kommunizieren lernst, desto größer ist deine Chance, damit Interesse zu wecken und Förderung zu erhalten.

Damit schaffst du eine Grundlage, auf der Unterstützerinnen und Unterstützer ihre eigenen »Giving«-Ziele mit deiner Vision abgleichen, ihre Ressourcen identifizieren und entsprechend mit Geld, Rat, ehrenamtlicher Mitarbeit und beim Netzwerkaufbau helfen können. Die besonderen Rahmenbedingungen – die Seite der Gebenden erhält für ihre Unterstützungsleistungen von der Seite der Bittenden keine Gegenleistung – erzeugen eine ganz eigene Marktdynamik und eine Form eines Vertriebs, bei dem Emotionen eine große Rolle spielen. Von diesem Bereich können wir viel über die Kunst des Bittens lernen.

Zweites Learning: *Die Sache mit der Komfortzone*
Weil der Schritt, eine Bitte auszusprechen, viele Menschen im ersten Moment aus ihrer Komfortzone bringt, braucht es eine Technik, die hilft, diese Hürde zu überwinden. Eine Methode also, um die festen Grenzen der persönlichen Komfortzone dauerhaft zu erweitern. Diese nachhaltige Erweiterung gelingt dir, wenn du lernst, Ängste zuzulassen, Neugier für das Unbekannte wachzuhalten und in deiner Aufgabe einen Purpose zu sehen. Zur Stabilisierung dieser inneren Stärke kannst du Mentoren und Mentorinnen um Unterstützung bitten und regelmäßig an der Stärkung deiner mentalen und körperlichen Verfassung arbeiten, was bedeutet: die Nerven vor wichtigen Terminen beruhigen, Ruhephasen einhalten, auf die Ernährung achten, Atmungs- und Stimmübungen machen und die (unbewusst) gefürchteten Folgen einer Bitte in einem Worst-case-Szenario gedanklich durchspielen, bis ihnen durch diesen Realitätscheck der Schrecken genommen ist. Werte, Interessen, Engagements, Sport etc. können dir als stützende Verbindungen nach außen dienen, die die Erweiterung deiner Komfortzone unterstützen.

Drittes Learning: *Die optimale Vorbereitung*

Eine gründliche Vor- und die Nachbereitung von wichtigen Terminen verschafft dir eine sichere Basis für die gelingende Kommunikation einer Bitte. Dazu gehören die sorgfältige Recherche aller nötigen Informationen, die Ausarbeitung der Dramaturgie und Darstellung deines Anliegens und die Formulierung deines Call-to-Action. Bei all dem kommt es jedoch nicht so sehr darauf an, was du sagst, sondern welches Gefühl du mit dem Gesagten bei den Angesprochenen auslöst. Je klarer und offener du die Vision deines Anliegens, sein Warum, sein Wie und den Bedarf kommunizierst, desto zuverlässiger und schneller kannst du die passende Unterstützung finden. Das heißt: Zu lernen, auf den Punkt zu kommen, erleichtert dir und der gebenden Seite die Entscheidung über eine Zusammenarbeit. Zur Kunst des Bittens gehört auch, dein Anliegen schon vor jeglicher Kontaktaufnahme öffentlich zu machen – Stichwort Internetauftritt, soziale Medien, Netzwerke. Kann sich die gebende Seite auf diesem Weg bereits über dein Vorhaben informieren, ist es ihr möglich, die Entscheidung für oder gegen eine Unterstützung umso rascher zu treffen, was allen Beteiligten Zeit und Aufwand erspart. Insgesamt gilt: Je besser die Vorbereitung zur Präsentation eines Anliegens – im Internet, in kleiner Gesprächs- oder in öffentlicher Runde –, desto größer ist die Chance, Interesse bei den Menschen, die die gleichen Werte teilen, zu wecken und die gewünschte Unterstützung zu bekommen.

Viertes Learning: *Netzwerke identifizieren*

Unterstützung für ein Herzensprojekt zu bekommen, wird ab dem Punkt einfacher, an dem eine kritische Masse es zur Kenntnis genommen hat und ihr Interesse daran zeigt. Ist also dein Projekt einer Mindestanzahl an Menschen bekannt und teilen sie deine

Begeisterung dafür, wird sich seine Bekanntheit viral selbsttätig verbreiten. Aus diesem Grund ist auch ein gut funktionierendes und auf Diversität und Offenheit bauendes Netzwerk so wichtig. Hier erhältst du die erforderliche Resonanz und findest darüber hinaus häufig die gewünschte Unterstützung, neue Erkenntnisse und womöglich von Sympathie getragene, langfristige Verbindungen. Für den Aufbau eines solchen Netzwerkes kannst du zu Beginn beispielsweise private Bekanntschaften, Sportvereine, andere soziale Netzwerke, Veranstaltungen, Treffen von Service Clubs und Empfehlungen deines bisherigen Netzwerks nutzen.

Fünftes Learning: *Sieben Dinge, auf die es ankommt*
Offenheit – das richtige Mindset – Respekt – Empathie – die Gabe zu begeistern – Authentizität – Humor und Schlagfertigkeit: Alle diese Fähigkeiten helfen, um eine Bitte an andere heranzutragen.

Die Techniken, die es für die Kunst des Bittens braucht, zielen vor allem auch auf die bewusste Verbesserung vorhandener und die Ausbildung neuer Fähigkeiten. Dir deine Fähigkeiten bewusst zu machen, sie immer und immer wieder zu trainieren, hilft dir bei der Suche nach Unterstützern und Unterstützerinnen für ein Herzensprojekt. Dazu gehört zum Beispiel, dich im offenen und freundlichen Umgang mit anderen zu üben. Nicht nur, um schneller in Kontakt zu kommen, sondern auch, um ein Gegenüber zu animieren, sich ebenfalls zu öffnen. Auch die bewusste Ausbildung eines positiven Mindsets, der inneren Haltung zu dir selbst und zur Welt, wird für mehr positive Reaktionen von außen sorgen. Damit gelingt es dir auch, dich gegen Irritationen durch negative Signale wie beispielsweise einen unfreundlichen Gesichtsausdruck immun zu machen, heißt: souverän zu reagieren und nicht zu resignieren. Souveränes Auftreten zeigt sich zudem in einer respektvollen

Haltung gegenüber anderen und ihrer Leistung, ohne sich dabei allerdings selbst kleinzumachen. Und es zeigt sich in der Bereitschaft zu echter Empathie, also dazu, sich auf eine andere Person einzustellen, ihr Wesen so gut es geht zu erkennen und nachzuempfinden. Wenn du es dann noch schaffst, andere von deinem Vorhaben zu begeistern, dabei authentisch zu sein und humorvoll und schlagfertig auf überraschende Äußerungen und Situationen zu reagieren, bringst du beste Voraussetzungen mit, um die Unterstützung zu bekommen, die du für die erfolgreiche Umsetzung deines Projektes brauchst.

Sechstes Learning: *Vom One-Day-Stand zur langfristigen Beziehung*

Ausgehend davon, dass viele Menschen nach Verbindungen suchen und sich stabile zwischenmenschliche Beziehungen wünschen, kannst du dich bei der Suche nach Gebenden und im Umgang mit ihnen an einigen Grundregeln orientieren. Ist gegenseitiges Vertrauen als Grundvoraussetzung für eine langfristige Beziehung erst einmal aufgebaut, kannst du von deiner Seite aus dazu beitragen, es zu erhalten und zu festigen, indem du einen regelmäßigen Austausch pflegst, über die Entwicklung deines Projektes berichtest und die erhaltenen Rückmeldungen der Menschen, die dich unterstützen, als Anlass nimmst, gegebenenfalls Anpassungen vorzunehmen. Auch hierbei spielt Respekt eine wichtige Rolle: Respekt vor der Kompetenz der Unterstützenden und vor ihrem engen Zeitbudget. Letzteres verlangt nicht nur den achtsamen Umgang mit der knappen Ressource, sondern auch die nötige Portion Geduld, wenn es im Austausch hin und wieder einmal zu längeren Gesprächspausen kommt. Im Gegensatz dazu sollten jedoch eventuell aufkommende Missverständnisse sofort und so gründlich wie nötig besprochen und aus dem Weg geräumt werden. Auch Veranstaltungen können einen regelmäßigen Austausch unterstützen und helfen, über die Entwicklung des Projekts zu berichten. Gleichgültig, welcher Rahmen gegeben ist, kannst, ja solltest du deine Dankbarkeit für angebotene Hilfe immer auch zeigen.

DIE KUNST DES BITTENS

Kunst 01 > **VERBINDUNG ÜBER GLEICHE WERTE**

Kunst 02 > **KOMFORTZONE DAUERHAFT VERGRÖSSERN**

Kunst 03 > **GESPRÄCHE OPTIMAL VORBEREITEN**

Kunst 04 > **NETZWERKE IDENTIFIZIEREN**

Kunst 05 > **SICH DINGE, AUF DIE ES ANKOMMT, BEWUSST MACHEN**

Kunst 06 > **LANGFRISTIGE BEZIEHUNGEN AUFBAUEN**

Ich wünsche dir viel Erfolg auf dem Weg, deine Toolbox der »Kunst des Bittens« auszubauen.

ANMERKUNGEN

1 https://kirchenmusik-wohltorf.de/home
2 https://www.kph-hamburg.de
3 https://www.sos-kinderdorf.de/kinderdorf-hamburg
4 Die US-amerikanische »Masterclass« ist eine Onlineplattform, auf der verschiedene, oft prominente Experten in Videokursen über ihre Profession erzählen.
5 https://www.upstalsboom.de/
6 https://www.neltings-welt.de/ueber-uns/fritjof-benjamin-nelting
7 https://sinngeber.eu/sinngeber/
8 https://momentesammler.pro
9 https://greator.com
10 https://we-female-founders.de
11 https://www.ece.com/de, https://www.dorit-und-alexander-otto-stiftung.de, https://www.alexander-otto-sportstiftung.de
12 https://www.ece.com/de
13 https://www.dorit-und-alexander-otto-stiftung.de
14 https://www.alexander-otto-sportstiftung.de
15 https://stiftungschweiz.ch
16 https://www.beisheim-stiftung.com/de/de
17 https://www.stiftungen.org/startseite.html
18 https://www.nationalstiftung.de/
19 https://klitschko-ventures.com/de/home/
20 https://www.weareallukrainians.de
21 https://we-female-founders.de
22 Wikipedia
23 https://personalbrandinginstitut.de
24 Unternehmerin und Investorin, Vorständin Digitale Bildung für Alle e.V., Co-Gründerin FC Viktoria Berlin, Host des Podcast »Fast & Curious« und Autorin des Bestsellers *Das neue Land*. Hamburg: Murmann Verlag 2020.
25 Co-Founder Planet A Ventures und Jimdo.
26 CEO und Member des Supervisory Board bei Douglas.
27 Principal Partner CURA Cosmetics Group, Founder Judith Williams Cosmetice, Investorin und Speakerin, Host des Podcast »Go Girl go«.

28 Amanda Palmer: *The Art of Asking.* New York: Grand Central Publishing 2014, S. 71.
29 https://commonpurpose.org/de/über-uns/Standorte/deutschland
30 https://www.hiphopacademy-hamburg.de
31 Marshall B. Rosenberg, Ingrid Holler: *Gewaltfreie Kommunikation: Eine Sprache des Lebens.* Paderborn: Junfermann Verlag 2016.
32 https://www.klangstrolche.de

DANKSAGUNG

Dieses Buch fasst viele Erkenntnisse meines beruflichen und privaten Lebens zusammen. Während dieser Zeit haben mich großartige Menschen begleitet, die direkt und indirekt Einfluss auf meine Erfahrungen genommen haben. Um meine große Dankbarkeit allen Menschen auszudrücken, die dazu beigetragen haben, bräuchte es viele Seiten. Meine Lektorin riet mir jedoch, mich in meiner Danksagung auf die Menschen zu beschränken, ohne deren Hilfe dieses Buch nicht zustande gekommen wäre. Diesen Versuch möchte ich hiermit starten.

Meiner Tochter Katha danke ich besonders: für die Motivation, die vielen technischen Lifehacks, unser gemeinsames Titel-Brainstorming auf Mallorca, die vielen Gespräche und ihr Feedback. Ich weiß nicht, ob ich ohne diese Unterstützung das Buch geschrieben hätte. Es ist ein Geschenk, wenn die eigenen Kinder zu den wichtigsten Mentorinnen und Mentoren werden. Neben Katha geht mein großer Dank an meine ganze Familie. Mein Mann Philipp und unsere Kinder Flo und Juli sind die Burg, die mir Sicherheit gibt. Sie haben mir stets zugehört, mich machen lassen und mir die Kraft im Hintergrund gegeben. Dass ich ein Buch schreiben könnte, haben sie nie infrage gestellt. Sie alle haben mich mit viel Geduld unterstützt, dieses Projekt erfolgreich umzusetzen.

Auch meiner Herkunftsfamilie gilt mein besonderer Dank: meinen Eltern, Christel und Hans-Christoph Fischer, die mir alles mitgegeben haben, was ich für ein selbstbestimmtes Leben brauche: Selbstvertrauen, Respekt, Mut und den Glauben an mich selbst. Sie haben mir immer das Gefühl gegeben, dass alles möglich ist. Meinem Bruder Thomas Fischer, von dem die Porträtaufnahme in diesem Buch stammt und der mich auch in anderen Dingen unterstützt, möchte ich für seine großartige Unterstützung danken, auf die ich immer zählen kann.

Anja Visscher danke ich für ihre Vermittlung eines ersten Kontaktes zum Murmann Verlag, und dem Team des Murmann Verlags danke ich von Herzen für das mir entgegengebrachte Vertrauen und die großartige Unterstützung bei der Entwicklung dieses Projektes.

Mein großer Dank richtet sich an meine Gesprächspartnerinnen und Gesprächspartner für die Zeit, die sie sich für gemeinsame Gespräche über die Kunst des Bittens genommen haben: Dr. Agata Klaus, Geschäftsführerin der Deutschen Nationalstiftung, Prof. Dr. Alexandra Wuttig, Kanzlerin der IU Internationale Hochschule und Initiatorin von »we Female Founders« und Sabrina Micklich, Projektleiterin Entrepreneurship und Innovation der IU Internationale Hochschule, Dörte Inselmann, Gründerin und Vorständin der Stiftung Kultur Palast, Jochen Schindlbeck, Geschäftsführer der Stiftung Kultur Palast, Tatjana Kiel, CEO von Klitschko Ventures GmbH und CEO von #WeAreAllUkrainians gGmbH, sowie Torsten Rebbe, Einrichtungsleiter bei SOS-Kinderdorf in Hamburg, Nele Lippolis, Marketing und Fundraising bei SOS-Kinderdorf Hamburg – ihre Anregungen aus Sicht der Bittenden sind in dieses Buch als wertvoller Beitrag eingeflossen.

Alexander Otto, CEO der ECE Group GmbH & Co. KG und Stifter (Dorit & Alexander Otto Stiftung und Alexander Otto Sportstiftung), Andreas Schiemenz, Philanthropie- und Fundraising-Experte, Geschäftsführer bei Sinngeber gGmbH, Annette Heuser, Vorständin Beisheim Stiftung, Josef Brunner, Unternehmer, Investor, Autor und Mentor, und Stefan Schöbi, CEO StiftungSchweiz, Philanthrop und ehemals Migros-Pionierfond – von ihnen konnte ich zur Kunst des Bittens aus der Sicht der Gebenden lernen.

Mit Fritjof Nelting, Unternehmer, Coach, Klinikgruppenbetreiber (Gezeiten Haus) und Health Speaker, konnte ich über Komfortzonen sprechen und mit Patrick Reymann, Fotograf und Unternehmer (Momentesammler), darüber, wie wir uns mit anderen verbinden können.

Vielen Dank allen für die vielen wertvollen Impulse!

Dank geht auch an Hermann Scherer für die Motivation zum Thema Buch, durch die ich wachgerüttelt wurde, meine Vision zu leben. Ebenfalls Dank an Manuel Chandramohan, Armin Bonelli, Ulrich Kreutzer, Nelly Kostadinova und Nick Sinanan für die Mut machenden Gespräche zu meinem Buchwunsch. Bodo Jansen danke ich ebenfalls für wertvolle Ratschläge zum Schreiben eines Buches und die Kontaktvermittlung zu dem Buch-Coach Stefan Linde, dem ich von ganzem Herzen danke, dass er auch in Zeiten, als ich nicht wusste, wo dieses Projekt hingeht, immer wieder nachgefragt und mich motiviert hat.

Als ich mein Buchprojekt zwischenzeitlich schon fast aus den Augen verloren hatte, hatte ich das Glück, mit Stefan Wulff über Träume und Visionen sprechen zu können. Stefan gab mir den richtigen Impuls genau zum richtigen Zeitpunkt.

Christin Quack-Wulff habe ich meine Mitarbeit im Kultur Palast zu verdanken, über die ich letzlich in der Non-Profit-Branche gelandet bin. Hier habe ich nicht nur meinen Purpose gefunden, sondern auch gelernt, worauf es ankommt, wenn wir andere um Unterstützung bitten.

Weiterhin danke ich allen inspirierenden Menschen aus meinem beruflichen Leben und Projekten, die ich in den letzten Jahren begleitet und dabei viel über die Kunst des Bittens gelernt habe. Mein besonderer Dank gilt: Sven Thierhoff, meinem Vorgesetzten bei Disney, den ich stets als »Begeisterungsmanager«

empfunden habe, Dörte Inselmann und Jochen Schindlbeck, die mit dem Aufbau der Stiftung Kultur Palast Großartiges geleistet haben und es jeden Tag aufs Neue tun, Dirk Brandt, der mit »Chefs lesen Kindern vor« Kinder in Unternehmen bringt und sie, wie es auf der Website heißt, »zur Chefsache macht«, und Alexandra Wuttig und Sabrina Micklich, die sich mit »we Female Founders« unermüdlich für Diversität in der Start-up-Szene einsetzen.

Nicht zuletzt gilt mein Dank meinen tollen Freundinnen, die stets an meiner Seite sind. Ich danke euch für die tiefen Gespräche, die Motivation und die kurzen Ablenkungen zwischendurch. Ihr habt in einer sehr intensiven Phase für einen so wichtigen Ausgleich gesorgt.

Dieses Buch ist das Ergebnis vieler Gedanken, Gespräche und Erfahrungen, aber auch eines gewissen Mindsets und Durchhaltevermögens. Danke an alle Menschen, die es möglich gemacht haben, diese kreative Reise anzutreten.

BENÖTIGST DU UNTERSTÜTZUNG?

Suchst du als Individuum oder auch in Vertretung eines Vereins, einer Stiftung, Initiative oder eines Start-ups Unterstützung für ein Herzensprojekt? Möchtest du dein Netzwerk ausbauen, andere Menschen für dein Vorhaben begeistern, um einen Rat oder sonstige Unterstützung bitten und langfristige Beziehungen aufbauen? Hierfür kann ich, wenn du es möchtest, Hilfe anbieten: in Einzelberatungen, Workshops oder einer langfristigen Begleitung. Eine Zusammenarbeit benötigt keinerlei Vorkenntnisse. Es genügt, eine Vision oder ein Herzensprojekt mitzubringen. Welche Art der Zusammenarbeit für dich die richtige ist, können wir in einem kurzen Vorabtelefonat klären. Du erreichst mich jederzeit über meine Website www.sabinehess.com. Ich freue mich, von dir zu hören.

ÜBER DIE AUTORIN

Foto: © Thomas Fischer

Sabine Heß ist Betriebswirtin und leidenschaftliche Fundraiserin. Sie hat viele Jahre im Marketing und Vertrieb (beispielsweise bei Disney) gearbeitet. 2010 hat sie ihre Liebe für gesellschaftliche und soziale Projekte entdeckt. Sabine Heß kennt beide Welten: die Wirtschaft und den Non-Profit-Bereich. Neben ihrer beratenden Tätigkeit für Stiftungen, Vereine und Menschen mit Visionen ist sie seit 2010 als Freelancerin im Bereich Marketing und Fundraising für die Stiftung Kultur Palast in Hamburg tätig. Sabine Heß lebt mit ihrer Familie in der Nähe von Hamburg.

Dieses Buch wurde klimaneutral produziert

Bibliografische Information der Deutschen Nationalbibliothek
Die Deutsche Nationalbibliothek verzeichnet diese Publikation in der Deutschen Nationalbibliografie; detaillierte bibliografische Daten sind im Internet über http://dnb.de abrufbar.

ISBN 978-3-86774-784-4

Druck und Bindung: CPI books GmbH, Leck
Printed in Germany

Besuchen Sie uns im Internet: www.murmann-verlag.de
Ihre Meinung zu diesem Buch interessiert uns!
Zuschriften bitte an info@murmann-verlag.de
Den Newsletter des Murmann Verlages können Sie anfordern unter newsletter@murmann-verlag.de